暨南大学211本科教材建设项目

水域生态学实验指导

赵建刚　肖　林　许忠能◎编著

暨南大學出版社
JINAN UNIVERSITY PRESS
中国·广州

图书在版编目（CIP）数据

水域生态学实验指导 / 赵建刚，肖林，许忠能编著．—广州：暨南大学出版社，2013.6

ISBN 978-7-5668-0647-5

Ⅰ．①水…　Ⅱ．①赵…②肖…③许…　Ⅲ．①水域—生态学—实验—高等学校—教材　Ⅳ．①Q178.53-33

中国版本图书馆CIP数据核字（2013）第139994号

出版发行：暨南大学出版社

地　址：中国广州暨南大学

电　话：总编室（8620）85221601

营销部（8620）85225284　85228291　85228292（邮购）

传　真：（8620）85221583（办公室）　85223774（营销部）

邮　编：510630

网　址：http://www.jnupress.com　http://press.jnu.edu.cn

排　版：广州市友间文化传播有限公司

印　刷：湛江日报社印刷厂

开　本：787mm×960mm　1/16

印　张：6

字　数：97千

版　次：2013 年 6 月第 1 版

印　次：2013 年 6 月第 1 次

定　价：16.80 元

序

近半个世纪以来，全球气候变化异常、水质污染、空气质量下降等问题日益突出，受到社会公众的广泛关注，人们开始更多地从生态学的角度，全局性地思考这些问题及其影响，以“美丽中国”为主题的生态文明建设已成为国家战略。当前关于生态议题的讨论逐渐深入、广泛，网络、电视、报纸、书刊等媒介提供了海量的生态学及相关知识的资料。尽管生态学的学习对入门的要求不高，但日常生态问题辨析、生态科普教育、生态学相关的通识课程学习等学习形式与专业的生态学学习及训练之间仍存在较大的差别，特别是在生态学实验教学这个环节上。生态学是以（野外）自然生态系统为主要研究对象的学科，不经过系统的生态学实验与实践学习和训练，不掌握相对完整的生态学专业知识，要对生态学问题有深入或本质的理解还是比较困难的，在处理（复杂）生态学问题时也容易犯“简单”错误。

生态学实验教学需要有合适的教材，目前已有不少针对不同专业的生态学实验教材，但这些教材内容绝大多数是以陆地生态学为主，我国还没有一本以水体生态系统为对象的生态学实验教材。因此，编写以水生生物为实验材料，帮助掌握水域生态学理论与研究方法的生态学实验教材是生态学教学一直所期待的。

暨南大学生态学系成立于2003年，次年开始招收本科生，以淡水生态学为特色，开展生态学实验教学已整整10年。为提高教学质量和激发学生创新，我们于2011年开始组织教师总结生态学实验、实践教学中的经验与不足，筹划编写一本以水域生态学为主要内容的实验教材，完善教学体系建设。历时两年的内容筛选、讨论和实践，于2013年完成了本实验指导的撰写工作。实验教材的内容分为三个模块：①水域生态学研究的基础知识（包括生态学实验设计、生态学野外调查取样等）；②生态因子（包括温度、盐度、光照等）及其对生物的影响；③综合实验。在体系上，兼顾了个体、种群、群落和生态系统的四个层次。理论联系实践是本实验指导的特点，学生通过本教材的学习和操作，可以进一步认识水域生态学的基本原理，掌握水域生态学野外调查、室内实验的一些基本方法。

本实验教材既可以作为我国普通高校与“水”相关的生态学专业本科实验教材，也可作为相关专业人员的参考书。

暨南大学生态学系　韩博平
2013 年 4 月 15 日

目　录

实验1　生态学实验设计方法

生态学是研究自然系统中生物与环境、生物与生物之间相互关系的学科。地球上的生物种类多样，环境复杂多变，这导致了很多生态学现象、生态学过程看似模糊不清。如何对错综复杂的生物与其栖息环境因子、生物与生物间的相互关系抽丝剥茧，让生态学规律变得简单、清晰，易于理解，需要基于科学的研究方法。生态学研究方法一般分为野外调查和观测、实验和数学模拟研究。野外调查和观测是生态学研究的基础，而生态学实验所涉及的内容则是在野外调查的基础上针对感兴趣的生态学问题，如何设计一个相对简单且可重复的控制实验来验证提出的假设。

【实验目的】

1. 了解与掌握生态学实验的基本特点、实验误差的来源和控制以及生态学实验设计的原则等基础知识。

2. 了解并掌握生态学实验设计的基本步骤和内容。

【实验器材】

多媒体教学设备。

【方法与步骤】

一、实验设计的基础知识

1. 生态学实验的基本特点

（1）综合性与复杂性。

在一片亚热带常绿阔叶林中影响黄果厚壳桂（*Cryptocarya concinna*）幼苗生长的环境因素可能有光照强度、温度、土壤湿度（可用土壤含水量表示）等，而生物因素可能有肉眼可见的植食性昆虫、非肉眼可见的土壤病原菌等。

当我们关注土壤湿度这一非生物因素、探究不同的土壤湿度对黄果厚壳桂幼苗生长的影响时，可以设置不同的土壤湿度水平（如土壤含水量为25%、50%、75%三个水平），而其他因素严格控制在同一水平。像这种只有一个因素处于不同水平，其余因素严格控制在同一水平的实验，我们称为单因素实验。

当我们关注土壤湿度和光照强度这两个非生物因素，探究它们对黄果厚壳桂幼苗生长的共同影响时，可以设置不同的土壤湿度水平与不同的光照强度水平的交叉实验（土壤含水量为25% ×光照强度为0%；土壤含水量为25% ×光照强度为50%；土壤含水量为25% ×光照强度为100%；土壤含水量为50% ×光照强度为0%；土壤含水量为50% ×光照强度为50%；土壤含水量为50% ×光照强度为100%；土壤含水量为75% ×光照强度为0%；土壤含水量为75% ×光照强度为50%；土壤含水量为75% ×光照强度为100%），而其他因素严格控制在同一水平。像这种有两个或者两个以上的因素处于不同水平，其余因素严格控制在同一水平的实验，我们称为多因素实验。

事实上，生态现象及过程是多种环境要素和生物要素共同作用的结果，这决定了生态学实验的综合性与复杂性。但在实验设计时只需要抓住我们所关注的某一因素或少数的某几个因素进行研究即可。

（2）时空变异性。

当我们关注病原菌这一生物因子对亚热带常绿阔叶林中黄果厚壳桂幼苗生长的影响时，会发现植株个体较小的黄果厚壳桂幼苗受病原菌的影响较大，植株个体较大的黄果厚壳桂幼苗受病原菌的影响较小，甚至会发现植株个体大小相近的幼苗在阳坡受病原菌的影响可能要小于其在阴坡所受到的影响，而在同一阳坡春季受到的影响可能会大于秋冬季。当我们要做野外控制实验时，个体间的差异以及环境的时空差异对结果产生的影响是生态学实验的另一特性：时空变异性。

2. 生态学实验误差的来源与控制

（1）误差的来源。

①实验材料。

②实验条件。

③操作技术。

（2）误差的控制。

①实验样地的面积与形状控制。

②随机取样、样本的数量与重复次数。

3. 生态学实验设计的原则

（1）随机原则。

随机是一切统计分析的基础，是为了获得无偏差的实验误差。生态学实验设计时要尽可能做到随机。一般在随机抽样或者样品随机分组时可采用随机数法进行设置。

（2）对照原则。

对照是没有进行过实验处理的试验单元。对照的设置主要是为了消除无关变量对实验结果的影响，增强实验结果的可信度。

（3）重复原则。

同一因素相同水平的不同平行的实验处理，平行之间是相互独立的，平行处理的数量至少要3个。重复的设置是为了排除个体差异或操作时的偶然差异等引起的实验误差。

二、实验设计的内容与步骤

实验设计包括确定实验目的、提出假设、确定观测变量、制定实验方法与步骤以及安排实验时间和经费等。这里我们以林隙对黄果厚壳桂种群更新的影响为例进行分析：

（1）确定实验目的：与林下相比，林隙光照强度要大，但与全光照相比光照强度要小，此外林隙的土壤湿度、温度等其他物理因素和生物因素也与林下存在差异，影响因素复杂多样。我们可以抓住主要的某一个因素进行深入的研究，如光照强度，以此研究不同光照强度对黄果厚壳桂幼苗生长的影响，进而探讨亚热带常绿阔叶林林隙对黄果厚壳桂种群更新的影响。

（2）提出假设：根据实验目的对研究作一个简洁可检验的假设，一个可以被实验结果支持或推翻的假设。黄果厚壳桂为耐阴性树种，本例中的假设为：光照不会影响黄果厚壳桂幼苗的株高生长，光照条件好的林隙黄果厚壳桂幼苗的株高生长与光照条件差的林下的黄果厚壳桂幼苗的株高生长无差异，因此林隙的光照因子不是影响黄果厚壳桂幼苗的一个主要因素。

（3）确定观测变量：此实验中的自变量是光照强度水平，因变量根据实验目的确定为株高生长即株高增长量，因此观测变量确定为株高。实验为单因素实验，除了光照水平不同之外，其余条件如土壤水分、温度、初始实验时的株高等都要保持一致。

（4）实验设计前的准备工作：通过苗圃获得实验材料黄果厚壳桂幼苗，或者通过在花盆播种黄果厚壳桂种子使其萌发获得幼苗，并通过在同一生长环境下一段时间的培养将生长不一致的植株筛除，保留株高相对一致的植株备用。调查亚热常绿阔叶林林下、林隙的光照强度，折算成全光照的百分比用作控制实验中进行光照控制的依据，根据测定结果，林下的光照强度约为10%全光照，林隙的光照强度约为60%全光照。

（5）实验设计：将30株株高相近的黄果厚壳桂幼苗分成三组，每组10盆相当于10次重复实验，分别放置在光照强度为10%、60%、100%这三个光照水平的培养箱内，其余温度、湿度等保持一致，每两天浇等量的蒸馏水一次，持续时间30天。

（6）实验观测：实验开始时记录下每株幼苗的株高，30天实验结束时记录下每株幼苗的最终株高，数据全部填入光照水平—生长实验观测记录表中。

日期：

观测人：

表1.1　光照水平—生长实验观测记录表

光照水平/全光照（%）	样本号	初始株高（cm）	最终株高（cm）	增长量（cm）
10	1			
10	2			
10	3			
10	4			
10	5			
10	6			
10	7			
10	8			

（续上表）

光照水平/全光照（%）	样本号	初始株高（cm）	最终株高（cm）	增长量（cm）
10	9			
10	10			
60	1			
60	2			
60	3			
60	4			
60	5			
60	6			
60	7			
60	8			
60	9			
60	10			
100	1			
100	2			
100	3			
100	4			
100	5			
100	6			
100	7			
100	8			
100	9			
100	10			

（7）分析处理实验数据：对所得的实验数据进行统计学比较分析，根据分析结果判断假设是否成立，并得出结论。

【问题与思考】

根据实验室现有条件，自行设计一个实验。比如：营养盐添加对藻类生长的影响等。

（肖林）

实验 2　生态学野外调查与采样方法

生态学的原理和规律来源于人们对自然界中生物与环境、生物与生物间相互关系的观察和研究。野外调查和观测是生态学研究的基础，是获得第一手数据资料的唯一途径。对不同研究对象、不同研究目的的调查和采样方法存在一些差异。根据调查对象的不同，分为陆地植被野外调查、水域生态学野外调查与底栖动物野外调查等 3 个实验。

野外环境复杂多变，且往往生活、工作不方便，因此野外采样前一定要做好精心准备。准备工作大致可分为自身安全、生活食宿准备和采样工具的准备等。开始具体采样前，首先要安排好衣食住行，在水库、湖泊、河流等水体中工作时还需要带上必要的救生衣、太阳帽、防晒霜以及足够的水、食物等。总之，保护好学生的安全和健康是完成实验的基础。野外调查、采样用记录表格应根据研究目的和采样方法编制，一般应包括时间、地点、采样人、环境与观测生物等内容。标签纸需注明采样时间、采样地点、采样样品类型、采水体积、采样人等相关信息。

实验 2.1　陆地植被野外调查与采样方法

【实验目的】

1. 了解陆地植物群落野外调查常用的调查取样方法。
2. 掌握样方取样时最小样方面积的确定方法。

【实验器材】

1. 仪器设备

多媒体教学设备、温度计、照度计、海拔高度计、风速计、GPS 等。

2. 实验材料

测绳、钢卷尺、皮尺、软尺、植物分类检索用书籍、记录本、笔、观察记录表格纸、标签纸、样方绳、样方圈等。

【方法与步骤】

一、样点选择与取样

在野外调查取样时既要考虑能否获得足够多的环境、生物或者群落的相关数据，以及能否以此代表真实的环境状况、个体数量和群落组成等情况，同时也需要考虑人力和财力的支撑度。对于一个群落来说，通过观察记录不同生物个体数量、出现频次、覆盖度和生物量等参数，我们可以估计出群落生产力状况、物种多样性水平的高低以及不同种群的空间分布等重要数据和资料。

在具体的野外调查与采样工作中，需要思考：①如何选择样点才能以点概面，以面概全；②如何取样才能以较少的人力财力投入获得更多真实可靠的数据。

1. 样点选择的原则

样点选择的原则一般要求选取的样点要有代表性，既典型又普遍。可遵循以下 6 个特征相接近的法则筛选样点：

种类组成相接近；结构形态相接近；外貌季相相接近；生态特征相接近；群落环境相接近；外界条件相接近等。

2. 陆地植被野外调查取样方法

陆地植被的调查取样一般可采取无样方法、样线法或样方法。

无样方法：无样方法是不设立样方，而是建立中心轴线，标定距离，进行定点随机抽样。无样方法有很多具体的方法，如最近个体法、近邻法和中点四分法等，比较常用的是中点四分法（见图 2. 1）。

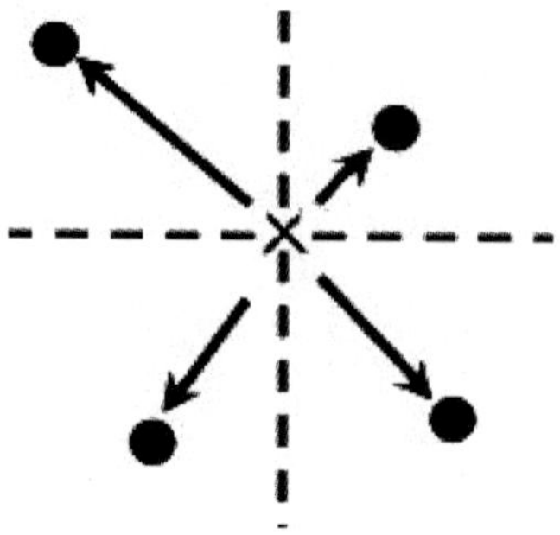

图 2.1　无样方法中的中点四分法

样线法：用一条绳子系于所要调查的群落中，并用数字标定相等距离的点，然后采用随机数法确定调查起始点，并对在绳索一边或两边的植物种类和个体数进行调查。

样方法：是面积取样中最常用的方式，也是植被调查中使用最普遍的一种取样技术。从形态上可以分为方形样地、圆形样地和带状样地。从观测利用时间上可以分为临时样地和永久样地。

3. 取样面积的确定——种—面积曲线法

要进行样方调查，首先要确定样方面积。样方面积一般应不小于群落的最小面积。所谓群落的最小面积，就是最少有这样大的面积，才能包含组成群落的大多数植物种类。取样的最小面积通常是根据种—面积曲线的绘制来确定的。

我们以黑石顶亚热带常绿阔叶林和长白山温带落叶阔叶林为例，讨论样方调查的最小面积。表 2.1 为黑石顶亚热带常绿阔叶林和长白山温带落叶阔叶林内总取样面积与新增树种和总树种的对应关系表，根据这一调查表可以绘出黑石顶亚热带常绿阔叶林和长白山温带落叶阔叶林内总取样面积与总树种的对应关系图（见图 2.2）。图中显示样方内的植物种类随着取样面积增大而增加，但当达到一定面积后，随着面积的增加，新增树种数趋于 0，表现在种—面积曲线图上曲线趋于与表示面积的 x 轴平行，我们便以这一转折点对应的面积作为取样的最小面积。一般环境条件越好，群落的结构越复杂，组成群落的植物种类就越多，相应的最小面积就越大。如在广东省黑石顶的亚热带常绿阔叶林群落，取样最小面积至少为 2 000m^2，其中包含的主要树木多达 82 种，而在长白山温带落叶阔叶林群落中，最小面积约 800m^2，包含的主要树木有 20 余种。

表 2.1 黑石顶亚热带常绿阔叶林和长白山温带落叶阔叶林内总取样面积与新增树种和总树种的对应关系表

总取样面积（m^2）	森林类型	新增树种（种）	总树种（种）	森林类型	新增树种（种）	总树种（种）
100	亚热带常绿阔叶林	17	17	温带落叶阔叶林	7	7
200	亚热带常绿阔叶林	11	28	温带落叶阔叶林	2	9
300	亚热带常绿阔叶林	10	38	温带落叶阔叶林	4	13
400	亚热带常绿阔叶林	5	43	温带落叶阔叶林	1	14
500	亚热带常绿阔叶林	6	49	温带落叶阔叶林	3	17
600	亚热带常绿阔叶林	3	52	温带落叶阔叶林	2	19
700	亚热带常绿阔叶林	5	57	温带落叶阔叶林	0	19
800	亚热带常绿阔叶林	3	60	温带落叶阔叶林	1	20
900	亚热带常绿阔叶林	3	63	温带落叶阔叶林	0	20
1 000	亚热带常绿阔叶林	2	65	温带落叶阔叶林	0	20
1 100	亚热带常绿阔叶林	2	67			
1 200	亚热带常绿阔叶林	2	69			
1 300	亚热带常绿阔叶林	5	74			
1 400	亚热带常绿阔叶林	2	76			
1 500	亚热带常绿阔叶林	2	78			
1 600	亚热带常绿阔叶林	2	80			
1 700	亚热带常绿阔叶林	0	80			
1 800	亚热带常绿阔叶林	1	81			
1 900	亚热带常绿阔叶林	1	82			
2 000	亚热带常绿阔叶林	0	82			

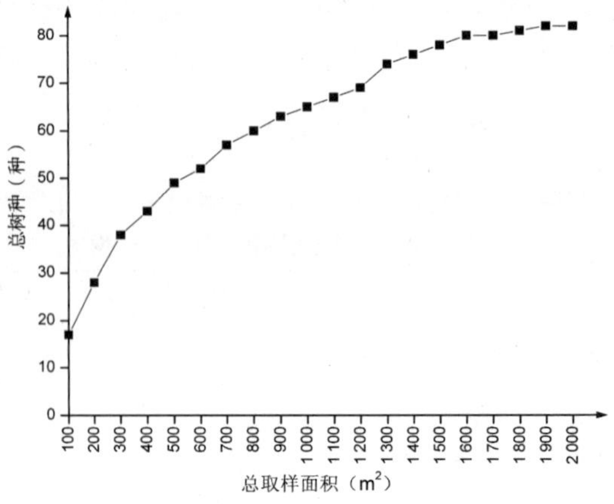

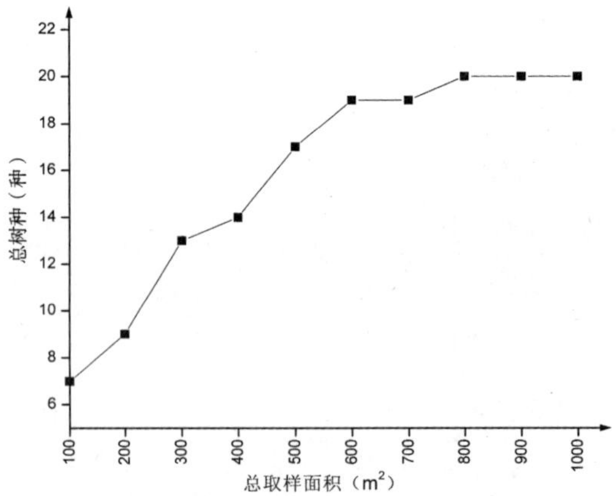

图 2.2　黑石顶亚热带常绿阔叶林（上）和长白山温带落叶阔叶林（下）内总取样面积与总树种的对应关系

二、草地取样实践步骤

将学生分成 2 组，1 组调查人工种植退化后的草坪，另外 1 组调查自然草坪。按下列步骤进行取样调查：

1. 准备好草本样地调查所需要的工具和记录表格及野外安全和生活用品；

2. 依据样点选取原则选择样地；

3. 在选好的样地内拉一条 10m 的直线，每 1m 标定一个数字，依次标定1，2，…，9，10 等，并以此为取样中心点，结合随机数法和中点四分法进行取样，取样时采用 0.3m ×0.3m 的正方形框取样；

4. 用种—面积曲线法确定最小取样面积。

【结果与分析】

1. 不同组别交流实验结果，并分析。

2. 比较自然草坪和人工种植退化后草坪的最小取样面积的大小，并解释结果。

【问题与思考】

浮游植物取样时如何确定样品量（或取样次数），可否采用种—样品量曲线法（或取样次数）确定最小样品量或采样次数？

（肖林）

实验 2.2　水域生态学野外调查与采样方法

水域生态学（Aquatic Ecology）是研究水体中种群、生物群落与环境系统相互作用规律及机制的学科。其研究方法一般可分为野外采样研究、室内实验研究和数学模型研究等 3 大类。野外调查和研究是水域生态学研究的基础，本节主要介绍水域生态学研究中野外调查常用的采样工具及水体浮游植物和浮游动物等样品的采集、处理等。

【实验目的】

1. 了解水域生态学野外采样常用的采样工具。
2. 学习各种采样工具的使用方法。
3. 学习浮游植物和浮游动物等样品的采集方法。

【实验器材】

温度计、透明度盘（塞氏盘）、pH 计、水质分析仪等环境因子测量用仪器；刻度绳、有机玻璃采水器、浮游生物网、采样瓶等采样工具；油性笔、标签纸、标本瓶等用具；酒精、福尔马林（35% ~40% 的甲醛水溶液）、鲁歌氏液（将6g 碘化钾溶于 20mL 水中，待其完全溶解后，加入 4g 碘充分摇动，待碘全部溶解后定容到 100mL 即配成鲁歌氏液）等浮游生物样品固定剂；浮游生物计数框等。

【方法与步骤】

一、野外采样与观察工具

水域生态学研究中野外采样工具主要有：透明度盘（塞氏盘）、有机玻璃采水器、浮游生物网、浮游生物计数框、采样瓶等。

1. 透明度盘

测量水体的透明度。水体透明度的高低与水体中所含的无机颗粒、有机碎屑、生命体等的多少有关。使用时将透明度盘下沉到刚好看不清的深度，称为透明度盘深度，以此来标定水体透明度（单位：m）。

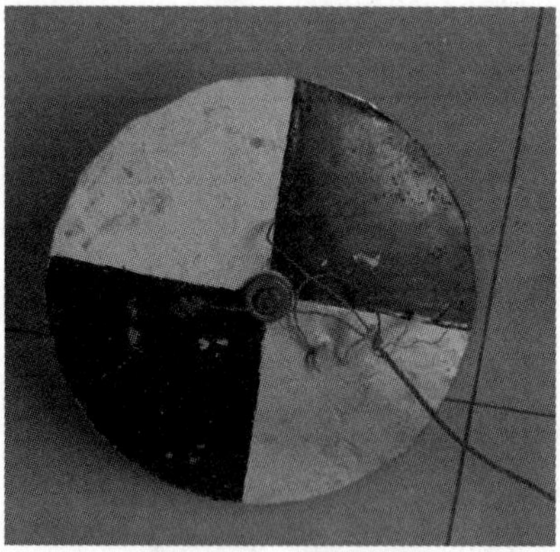

图 2.3　透明度盘

2. 有机玻璃采水器

主要用于水生生物样品的采集，也可用于除细菌指标和油类样品之外的水质样品的采集。

1. 溢水阀门；2. 温度计；3. 进水阀门；4. 压重铅圈；5. 橡皮管

图 2.4 有机玻璃采水器

3. 浮游生物计数框

（1）浮游植物计数框：在一块较厚的载玻片上有边长为 2cm 的正方形方框，方框内被均匀划分成纵横各 10 等份共计 100 个小格。方框四周由高约 0.25mm 的玻璃框围成一个方框，框内体积正好 0.1mL。使用时，取 0.1mL 浓缩后的定量样品，盖上盖玻片，注意不要有气泡或使样品溢出。

（2）浮游动物计数框：用于计数轮虫类、枝角类和桡足类等浮游动物。在一块较厚的载玻片上，粘有长 5cm、宽 2cm、高 0.1cm 的长方形方框，框内面积刚好 1mL。此外，也有规格为 5mL 的浮游动物计数框，但其多为回旋型。

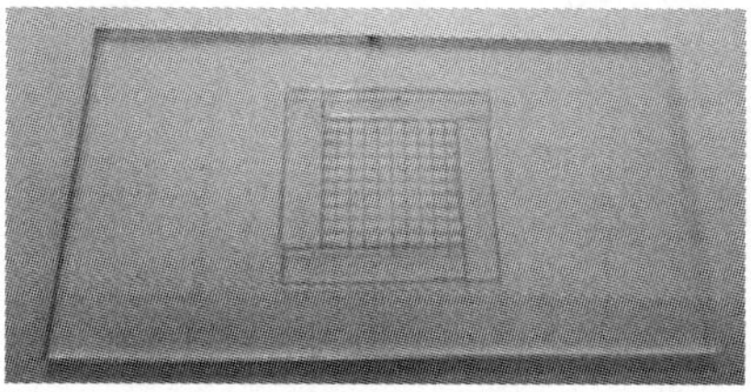

0.1mL 浮游植物计数框

1.0mL 浮游动物计数框

图 2.5 浮游生物计数框

4. 浮游生物网

主要用于定性、定量采集浮游植物、浮游动物等。浮游植物网（通常指网孔孔径≤30μm 的生物网）主要采集浮游植物、浮游动物中的小型生物如原生动物、轮虫等；浮游动物网（通常指网孔孔径≤100μm 的生物网）主要用于采集枝角类、桡足类等甲壳类动物等。

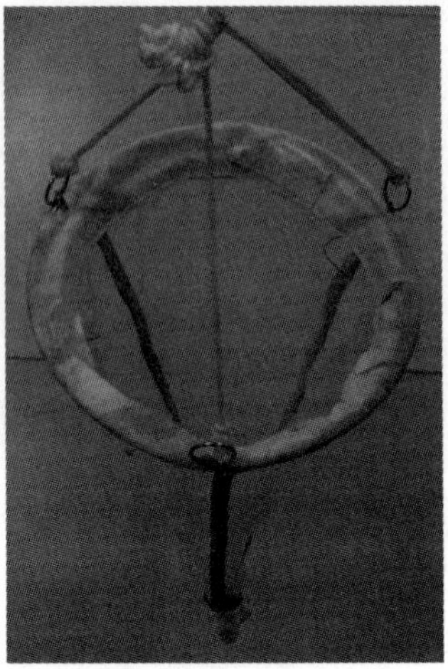

图 2.6　浮游生物网

二、浮游动植物的样品采集

1. 浮游植物

（1）采样点的选择。

选择采样点的原则是：采样点在拟调查水体平面上的分布要有代表性，能反映整个水体浮游生物的基本情况。一般要求水体的敞水区必须采样，有条件时采样点可适当多设一些，如大的湖湾、库湾，河流的上、中、下游水体的沿岸带、浅水区等也要设点采样。

（2）样品采集。

定性样品：用孔径≤30μm 的浮游生物网在表层缓慢拖曳，注意网口与水面垂直，获得的浓缩样立即用适量的鲁歌氏液固定。

定量样品：需在定性样品采集之前采集 1L 水样，装入广口采样瓶，加入 1.5% 的鲁歌氏液固定，水华藻样需酌情加量，以固定后水样呈棕黄色为准。

（3）沉淀浓缩。

上述水样，摇匀后倒入 1 000mL 圆柱形量筒中沉淀至少 48 小时。用虹吸管小心抽出上面不含藻类的“上清液”。剩下 30 ~ 50mL 沉淀物转入 50mL 的定量瓶中；再用上述虹吸出来的“上清液”少许冲洗三次沉淀器，冲洗液转入定量瓶中。凡以鲁歌氏液固定的水样，瓶塞要拧紧。此外还要加入 2% ~4% 的甲醛固定液（即每 100mL 样品需另加 2 ~ 4mL 福尔马林），以利于长期保存。浓缩时切不可搅动底部，万一动了应重新静止沉淀，为避免漂浮水面的某些微小生物等进入虹吸管内，管口应始终低于水面，虹吸时流速流量不可过大，吸至样品总量 1/3 左右时，应控制流速，使其成滴缓慢流下。

浓缩的标准是以每个视野里有十几个藻类为宜。

（4）计数方法。

浓缩沉淀后将水样充分摇匀，即可进入镜检阶段。镜检时用 0.1mL 的移液管或吸量管吸出 0.1mL 样品，注入规格为 0.1mL 的浮游植物计数框内，小心盖上盖玻片。在盖盖玻片时，要求计数框内没有气泡，样品不溢出计数框，然后在 20 倍或 40 倍显微镜下计数。每瓶标本取两片样品计数，取其平均值，每片大约计算 30～40 个视野，但视野数可按浮游植物的多少而酌情增减。同一样品的两片计算结果和平均数之差如在其均数的 ±15% 范围内，其均数视为有效结果，否则还必须测第 3 片，直至 3 片平均数与相近两数之差不超过均数的 ±15% 为止，这两个相近值的平均数，即可视为计算结果。

在计数过程中，常碰到某些个体一部分在视野中，另一部分在视野外，此时可规定出现在视野上半圈者计数，出现在下半圈者不计数。数量最好用细胞表示，对不宜用细胞数表示的群体或丝状体，可求出其平均细胞数。

计算时优势种类尽可能鉴别到种，注意不要把浮游植物当作杂质而漏计。

（5）数量（浓度）的计算。

1L 水中的浮游植物的数量（N）可用下列公式计算：

$$N=(N_0\times V_1)/(V_2\times V_3)$$

式中：N 表示每升水体中的个体数（细胞/升，cells/L），N_0 表示取样 0.1mL 里的细胞数（个）；V_1 表示水样浓缩后的体积（mL）；V_2 表示取样计数的体积（mL）；V_3 表示滤水量（L）。通常情况下不会对计数框里的全部浮游植物计数，因此计算前需要根据实际镜检到的细胞数换算成标准体积（0.1mL）下的细胞数（N_0）。

2. 浮游动物

（1）采样点的选择及采集方法。

浮游动物的样品采集地点选择、采集方法等与浮游植物的相似，所不同的是：

①定性样品：原生动物、轮虫等用孔径≤30μm 的浮游生物网拖网采集，而枝角类、桡足类等甲壳类动物则用孔径≤100μm 的浮游生物网拖网

采集。

②定量样品：通常是用采水器采集 30～50L 水后经孔径≤30μm 的浮游生物网过滤浓缩所得。

③原生动物、轮虫类样品固定可用鲁歌氏液（用量同浮游植物，有时也可与浮游植物共用 1 个样品）；枝角类和桡足类等甲壳类动物通常用 5% 的福尔马林固定。

（2）计数。

浮游动物计数的主要仪器是显微镜、解剖镜和计数框。

计数时，沉淀样品要充分摇匀，快吸快滴。

计数轮虫：用 1mL 的计数框；用定量吸管吸 1mL 于计数框中，盖上盖玻片计数全片，每个样品计数不低于 2 片。

计数甲壳类动物：用 1mL 的计数框；在低倍镜下全片计数枝角类、桡足类、无节幼体等。

注：通常情况下每一类生物需要计数不低于 400 个个体，才具有统计学意义。

（3）计算。

换算公式：把计数获得的结果用下列公式换算为单位体积中浮游动物的个体数：

$$N = V_s n/(VV_a)$$

式中：

N——1L 水中浮游动物的个体数（个/升，ind./L）；

V——采样体积（升）；

V_s——过滤浓缩体积（毫升）；

V_a——计数体积（毫升）；

n——计数所获得的个体数。

【问题与思考】

通常情况下，浮游动物个体比浮游植物要大得多。在浮游动物的定性采样过程中，可否用≤30μm 的浮游生物网拖网？为什么？

（赵建刚，林秋奇）

实验 2.3　底栖动物野外调查与采样方法

底栖动物的采样方法虽然繁多，但是最适方法往往取决于采样目的以及研究对象水域的一些物理性质（如河道、水深、流速等）。在生物方面，由于底栖动物在底质中的时空分布异质性高，多数种类都倾向于“成簇”分布（patched distribution），因此实际采样过程要遵循多栖境（multi-habitat approach）以及梯度深度的采样策略，以确保样品在适宜空间范围内具有一定的代表性。国内传统的采样工具——改良彼特森采泥器以及自制 D 型拖网，在采集底栖生物类群时往往采样不充分，样品具有一定误差。实际操作过程中，最终采样面积的大小、采样需要重复的次数（平行样的多少）取决于研究水域的大小以及该处水域生物密度的高低等。

【实验目的】

1. 了解水域生态学中底栖动物野外采样常用的采样工具。
2. 学习各种采样工具的使用方法。

【实验器材】

定性采样器材：底拖网、踢网、D 型网等。

定量采样器材：苏伯（氏）网（索伯网）、彼特森采泥器、艾克曼采泥器、人工基质笼等。

【方法与步骤】

根据调查目的的不同，常常把采样器材分成定性和定量两种。

一、定性采样器材与使用方法

1. 底拖网（benthic trawl，benthic dredge）

常见的底拖网根据开口方式的不同，可以分为三角拖网和框形（矩形）拖网，除主体框架之外，其口缘周围往往添加辅助装饰，用来搅动底泥或防止障碍物阻滞，后端常添加筛绢防磨损或保护网片装置。网兜的长短以及网孔的密度大小取决于研究目的的需要，一般网兜的长度要适中（网长/框长 =1.20～2.00），达到既能收集底栖生物，又能避免网兜末端形成涡流致使样品外溢的目的。网孔密度一般采用60目（250μm）或35目（500μm）。

使用方法：拖曳10～15分钟，不宜长时间或长距离拖拉，防止样品冗赘工作徒劳；也可粗略估计拖行距离，然后进行半定量采样；收集后的样品，过相应的分样筛清洗淤泥，将剩余物均放入采样瓶。现场固定的方法因研究需要而有所不同，若仅作简单的群落计数分析，可用卡尔溶液（Kahle solution）固定，回实验室后更换新的酒精固定（酒精浓度根据研究目的而有所不同，一般在70%～100%之间）；若需要提取底栖动物的DNA，现场需用纯酒精固定，带回实验室内需更换一次。

适用范围：湖泊、水库敞水区；3～10级非涉河流。

优点：采样面积大，涵盖多样栖境，样品代表性高。

缺点：定面积采样较为困难，只能粗略估计；需要船只拖曳。

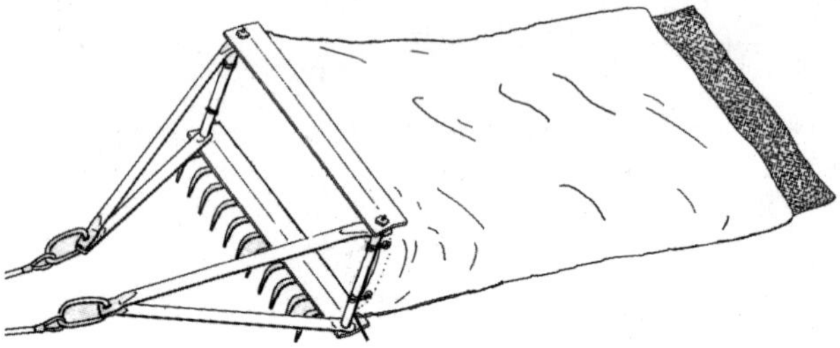

图2.7　底拖网

2. **踢网**（kick net）

踢网是一种半定量的采集工具，长宽各为1m，中间具有或无搜集样品的阀门，网孔直径一般为500μm（35目）。其主要原理是借助溪流本身的流动性，通过踢搅、洗刷底质，将悬浮的生物样品收集起来。使用的时候，需要两人配合完成。一人负责放置踢网，将一端牢固插入河床底质之中，保持与水面45°倾角；另外一人在溪流上游用脚搅动底质或者刷洗石块，确保某一特定区域（1～3m^2内）的所有底栖生物都能悬浮起来，并顺（随）流聚集在踢网上。若河道平整，底质偏小，操作踢网的人员可以根据前面踢打、刷洗石块的速度，保持倾角向前推进行走。踢打底质的时间长短，可以根据目测漂浮在水面的底栖昆虫样品的多少而定，一般不少于2分钟。采集结束后，将网面上的生物转移到采样瓶中，并现场固定（固定液参考使用卡尔溶液或酒精）。

适用领域：小型浅水可涉河流（1～2级）且必须流动的水体。

优点：操作简单，定量定性均可；收集的样品中杂质碎屑少，减少过筛程序。

缺点：一些大型、体重的生物如螺类（gastropod）、大蚊（tipulidae）、鱼蛉（fishfly）等不易被水流带起悬浮起来并聚集到踢网上，有时候需要人工手动挑拣；此项工作通常需要两人合作完成。

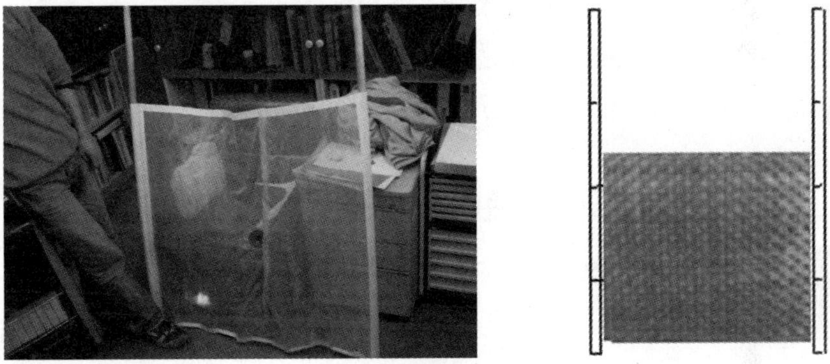

图2.8　踢网

3. D 型网（D-frame net，D-net，dip net）

D型网同踢网一样，均是半定量收集工具，因其框架形如英文字母“D”而得名。其横框的长度一般为30cm，可以根据采样要求，自行设计。操作简单，一人可独立完成。使用时，可以根据手柄的长短，将D型网用力压入水底，注意保持力度，在底质表层单向刮行、拖拉（溜边—沉底—拖行—捞起）。一般来说，底质或底泥表层以下1～10cm之内的底栖生物均可收集，具体收集范围依底泥（底质）的性质而定。利用D型网采样需要注意兼顾多栖境采样策略，全方位、各种生存环境都要拖拉几次，确保样品具有代表性；另外，可以粗略固定拖拉的距离，用来计算采样面积。

适用范围：湖泊水库河流的浅沿岸带，水深不超过1m的堤岸带。

优点：操作简单、迅速、方便灵活；器材可自行制作，采样廉价；方便在多个栖境之间转换使用。

缺点：定量使用时不太标准，只能粗略估计采样面积；不易在深水区操作，水越深，浮力越大，D型框越不易沉底控制。

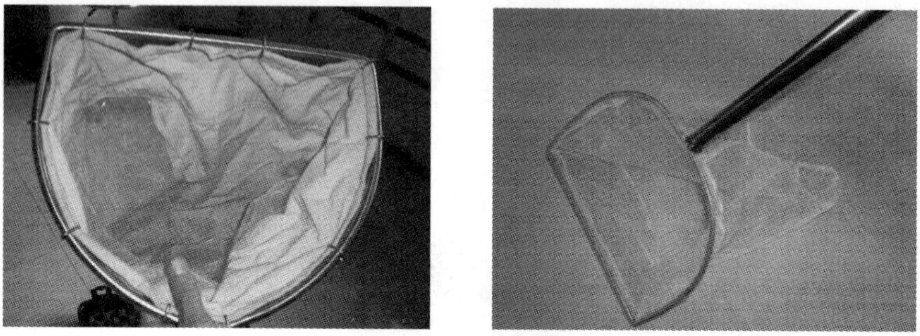

图2.9　D型网

二、定量采样器材与使用方法

1. 苏伯（氏）网（索伯网）（Surber net）

苏伯网是一种由上下方形框相互套叠的定量采样工具。工作时两方形框以90°打开，一框作为底面固定采样面积，另外一框呈垂直直立状，常见的两种尺寸是30cm×30cm和50cm×50cm，网孔直径多为250μm（60目）或500μm（35目）。采集时，将底框所围绕区域内的所有底质全部铲入网兜中，然后转移到水桶中，进行悬浮—清洗—过筛，可重复多次，若转移底质挑拣不充分，可效仿踢网的采样方法，将框所圈面积的底质搅动，悬浮，仅使底栖动物顺流进入后面的网兜。最后转移到样品瓶中，现场进行固定。

适用范围：小型可涉河流（1~2级）。

优点：定量相对精确（固定采样面积），可重复采样（平行采样），操作简单。

缺点：仅能用在小型溪流之中，由于一次采样面积较小，因此可能要重复多次，采样过程费时费力。

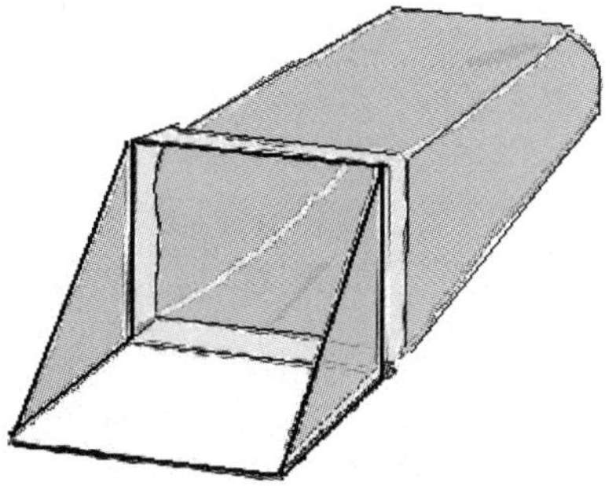

图 2.10　苏伯（氏）网

2. 彼特森采泥器（Peterson grab）

彼特森采泥器是国内最为普遍的一种深水定量采泥器。其主要原理是利用钩状物松弛状态下的重力回位，闭合两开张的蚌式抓斗以抓取底泥等沉积物。其采样面积有 $1/8m^2$、$1/16m^2$、$1/32m^2$ 之分，根据不同的研究目的而选择相应的型号，一般 $1/16m^2$（即 $0.0625m^2$）的采泥器重量较为适中，其采样面积大约是 20cm ×30cm。因此，对于大型湖泊和大型河流中的底栖生物采样，要多次重复采样，使得总采样面积大于 $1m^2$ 或符合研究需要。

适用范围：深水区域，非涉河流和湖泊。

优点：采样不受水深限制；采样面积确定。

缺点：单次采样面积较小，代表性差；要重复多次采样才能保证获得有代表性的样品，但费时费力；另外，在砂质的河床，采泥器的闭合程度较差。

3. 艾克曼采泥器（Ekman grab）

艾克曼采泥器与彼特森采泥器类似，区别在于艾克曼采泥器更倾向于箱体式，两者的开关闭合原理不同。艾克曼采泥器使用重锤下降撞击达到闭合，而彼特森采泥器使用钩索的重力回位。常见两款型号：15cm ×15cm ×20cm 和 20cm ×20cm ×30cm，采样面积分别为 $0.0225m^2$ 和 $0.04m^2$。

适用范围、优缺点同上述彼特森采泥器。不过，此款采泥器可以用来采集一定体积的沉积物，用来作表层分析。

图 2.11　彼特森采泥器

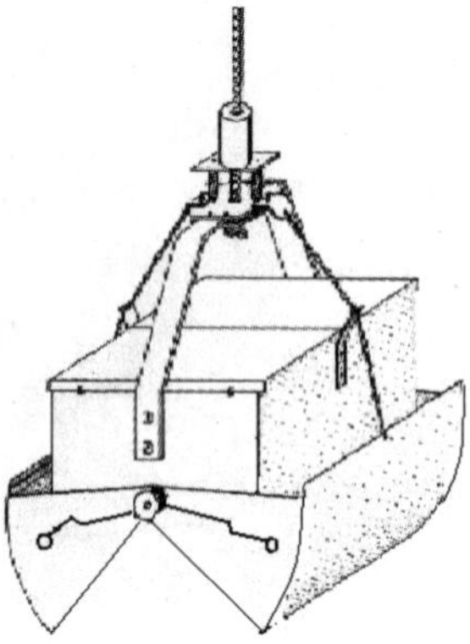

图 2.12　艾克曼采泥器

另外，根据研究目的的需要，特别是对于一些生物密度较低的河段或平常采样工具不宜到达或操作的水域，进行连续长期观测时，可以采取投放人工基质的办法来“诱捕”底栖生物。注意投放时间与采样时间的间隔，一般以 2 ~4 周为宜；投放的基质一般遵循就地取材的原则，填充石块或树叶均可。

【问题与思考】

各种采样网孔径选择的依据是什么？

（唐红渠）

实验3　水域生态学野外调查常用的仪器设备及使用方法

野外调查是生态学研究的基本方法，是培养学生实践能力的重要组成部分。水域生态学的野外调查不同于常规的动物生态学和植物生态学野外调查，后二者多以调查动植物种类、栖息生境、采集相应标本等为主。水域生态学野外调查对象为自然界水体，通常需要观测记录目标水体的温度、光照、pH、溶解氧、电导率等指标，并用专门的采样工具从水体中采集各种水生生物等。本实验主要介绍水域生态学野外调查常用的若干仪器设备及其使用方法等。

【实验目的】

1. 熟悉水域生态学野外调查常用的仪器设备及其使用方法。
2. 认识不同水体在若干生态因子间的差异。

【实验器材】

温度计、湿度计、水下照度计、pH 计、水质分析仪等。

【方法与步骤】

首先介绍温度计、湿度计、水下照度计、pH 计、水质分析仪等仪器设备的基本原理和使用方法。学生分组练习，熟悉各仪器设备的观测和使用方法。最后让学生总结各仪器的使用方法及注意事项等。

1. 温度计、湿度计

分别用于测定环境（大气、水体、土壤等）的温度及湿度，包括气温、水温和土壤湿度等。常用的温度测量仪主要有玻璃液体温度计、自记温度计和遥测温度计等 3 种。本书主要介绍玻璃液体温度计的使用方法。

温度计一般分为两类：一是水银温度计，如普通温度计、最高温度计等；另一类是利用有机液体（如酒精）制成的温度计，如最低温度计。玻璃液体温度计用于瞬时测定，灵敏度较高。

空气湿度可用通风干湿温度计测定。通风干湿温度计分干球温度计和湿球温度计，前者用于测定气温，后者用于测定大气湿度。测定时，在湿球温度计下端的水槽中注满水，将温度计的探头绑上纱布，把纱布的另一端放进水槽中，然后把温度计置于待测的地方（注意要选择空气流通的地方）。由于水分蒸发吸收热量，湿球温度计的温度将较干球温度计的温度低，从两者的温度差反映出空气的湿度。几分钟后，分别读取干球和湿球的温度，根据干球温度和湿球温度的大小及两者的温度差，从温度计后面的表中，便可查出相对湿度的大小。

空气湿度通常用相对湿度表示。相对湿度是指在一定的温度下，空气中的实际水汽压（e）与该温度下空气的饱和水汽压（e_m）的比率（以百分比表示），即：

相对湿度 = （e/e_m） ×100%

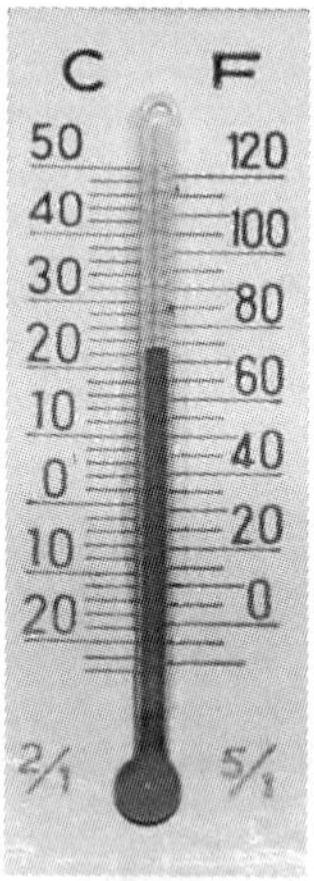

图 3.1　玻璃液体温度计

注：测定水体温度时除可用玻璃液体温度计外，部分仪器如水质分析仪也可配备相应的探头测量水温；部分采样工具如有机玻璃采水器，通常情况下内部也配有玻璃液体温度计，可测量水温。

2. pH 计

pH 计（酸度计）是一种常用的仪器设备，主要用于测量水、溶液等液体介质的酸碱度，在各类实验室中被广泛应用。pH 计有很多类型，常用的有台式酸度计、便携式酸度计和笔式酸度计等 3 种，可以根据实验需要选用不同的 pH 计。水域生态学研究中野外采样时经常使用便携式酸度计（部分型号的水质分析仪也可配备测量 pH 的探头），而在实验室内实验时多选用台式酸度计。

目前各生产厂家生产的 pH 计其基本构件、使用原理等基本一致。其主要由电极和电流计两部分组成，电极主要分为参比电极、玻璃电极两部分。参比电极的功能是提供一个恒定的电位，作为测量各种偏离电位的对照；玻璃电极的功能是对待测溶液的 H^+ 活跃程度发生的变化作出反应并产生相应的电信号；而电流计则是将这种电信号进行放大，并显示相应的读数。

注意事项：

（1）pH 计工作前需先对其进行校正。

（2）使用前需对电极进行浸泡。不同类型的 pH 计需要选用不同的浸泡液。

（3）每隔一段时间（1 个月左右），需要对电极进行清理。

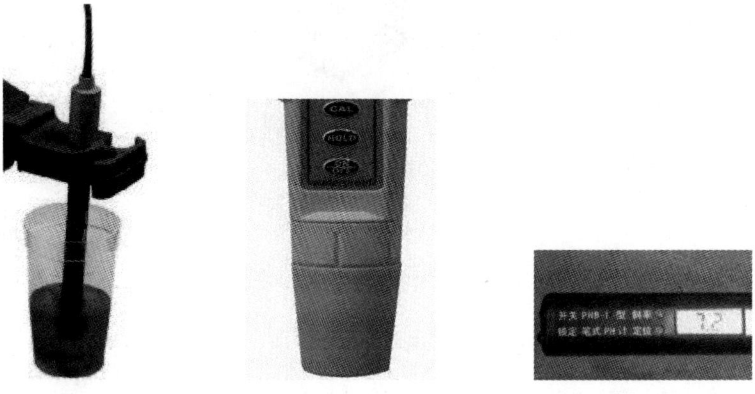

a　　　　b　　　　c

a：台式酸度计；b：便携式酸度计；c：笔式酸度计

图 3.2　pH 计探头

3. 水下照度计

测定水体不同深度的光照强度（单位为 μmol/m²/s）时一般采用水下照度计，它是利用硅光电池的感光原理制成的，配备了压力传感器，可以测量水下不同深度的光照强度。测量时，在照度计的电池槽内装上电池，把传感器插头插入仪器对应的插孔，打开开关及探头盖，照度计的显示屏上显示读数，待数字稳定后，将光敏探头置于欲测水体相应深度处，便可读数。

注：测量时，需要将探头的感光面朝上。

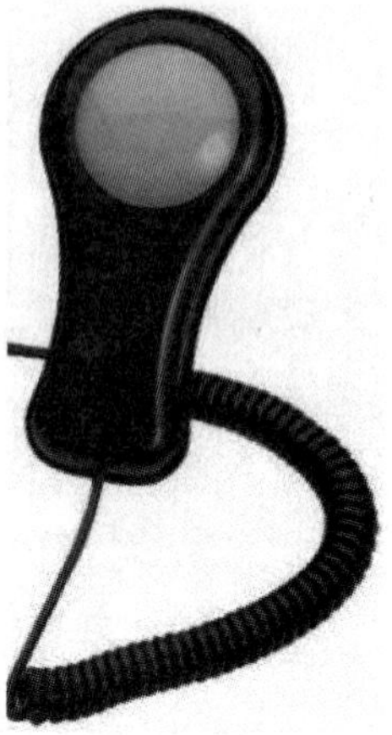

图 3.3　水下照度计探头

4. 水质分析仪

水质分析仪有多种类型，也可根据实验需求配备相应探头。通常情况下，较简单的水质分析仪需要配备能测量水体的溶解氧（DO）、温度（T）、电导率（Cond）等几个基本指标的探头。以下逐一简单介绍测量每一种指标的工作原理。

图 3.4　水质分析仪探头

（1）溶解氧（DO）。

水质分析仪所测得的溶解氧是指溶解于水或液相中的分子态氧，以 DO 表示。水体的溶解氧含量是水体水质的重要指标之一。水质分析仪测量溶解氧的方法通常是极谱法或原电池法，也有少部分厂家用的是荧光法等。溶解氧的单位是 μg/mL 或 mg/L。

（2）温度（T）。

目前各实验室常用的水质分析仪多采用敏感的二极管作为温度传感器，加上一定的直流电压，二极管两端电压随温度变化而改变，在 0 ~ 100℃范围内线性较好，这一信号经处理后可直接显示。

（3）电导率（Cond）。

电导率是表示溶液传导电流的能力，常用于间接推测水体离子成分的总浓度。由于电导率是电阻率的倒数，水质分析仪的探头一插入水中，其中的电极即可测出电极间的电阻 R。据此可换算出水体的电导率 Cond，其单位为西门子/米（S/m）。

【问题与思考】

1. 总结各仪器的使用方法、使用注意事项、影响测定结果的因素等。

2. 在学校附近寻找池塘和湖泊等水体 1 ~ 2 处，分组学习并操作相关仪器。

【注意事项】

1. 测定水体温度时除可用玻璃液体温度计外，部分仪器如水质分析仪也可配备相应探头测量水温，部分采样工具如有机玻璃采水器内部通常情况下也配有玻璃液体温度计，可测量水温。

2. pH 计工作前需先对其进行校正；使用前需对电极进行浸泡，不同类型的 pH 计需要选用不同的浸泡液；每隔一段时间（1 个月左右），需要对电极进行清理。

3. 水下照度计工作时，需要将探头的感光面朝上。

4. 水质分析仪的电导率受温度的影响较大，即相同浓度的离子在不同温度下的活跃程度不同，其结果就是电导率值也不同。因此为便于横向（时间尺度上）比较，通常需要将其换算成同一温度条件下的相应数值。目前市面上的各类水质分析仪多已具备将电导率自动换算成 25℃条件下的对应数值这一功能。

（赵建刚）

实验4　植物群落调查与分析方法

植物群落是一个时间段内的各种植物种类对同一地域环境条件的适应，通过植物与植物种间相互适应所形成的一个组合。群落内的植物种类组成及数量的多少能够反映群落所在环境的特点，同一群落内不同植物种间数量上的多少能够反映它们对同一环境的适应程度。一般来说地形复杂、资源分布异质、环境条件多样的群落环境，所能供养的植物种类较多，种与种间的数量差异较小，这样的群落多样性较高，遭受外力破坏时表现出的群落稳定性也较高，其后的恢复力也较强，是较理想和稳定的植物群落。本实验主要讲述了如何获得群落内植物的各种信息，对植物群落进行分析并作出简单的评估。

1. 植物群落调查记录时用到的相关术语

（1）树高：指一棵树从地表到树梢的垂直高度。目测树高的简易方法是：树下站一人，举手为2米，然后按2、4、6、8计数，往上累计至树梢。

（2）胸径：指树木的胸高直径，即距地面1.3米处的树干直径。在陆地植物学调查中，可用软皮尺测量胸径处的胸围然后通过计算换算之。

（3）冠幅：指树冠的幅度，专用于乔木调查时对树木的测量，用树冠投影的长度和树冠投影的宽度表示。在陆地植物学调查中多用目测估计，估测时必须在树冠下来回走动，用手臂或脚步协助测量。

（4）郁闭度：指森林中乔木树冠遮蔽地面的程度，它是反映林分密度的指标。以林地树冠垂直投影面积与林地面积之比表示，完全覆盖地面为1，0.70（含0.70）以上的郁闭林为密林，0.20～0.69为中度郁闭林，0.20（不含0.20）以下为疏林。

（5）盖度：包括总盖度、层盖度、种盖度，群落总盖度是指一定样地面积内原有生活着的植物覆盖地面的百分率。层盖度指各分层的盖度，乔木层有乔木层的盖度，草木层有草木层的盖度；种盖度指各层中每个植物种所有个体的盖度，一般也可目测估计。

（6）多度：灌草丛样地群落植株个体数的定量测度指标之一。常意味着个体数的推测，分为 5 级：①极少；②少；③稍多；④多；⑤极多。常与盖度结合而作为优势度来使用，单独使用并不太多。

2. 植物群落分析计算用到的相关术语

（1）相对密度：每个种的密度占所有种的密度总和的百分比称为相对密度，主要用在乔木的重要值计算中。计算公式如下：

单个种的密度 = 单位面积内该物种的个体数/单位面积

相对密度 = 每个种的密度/所有种的密度总和 ×100%

（2）相对显著度：也可称相对优势度，主要用在乔木的重要值计算中。计算公式如下：

相对显著度 = 某树种的胸径断面积之和/全部树种胸径断面积之和 ×100%

（3）相对高度：每个种的所有个体高度之和占所有种的个体高度之和的百分比，主要用在灌木和草本植物的重要值计算中。计算公式如下：

相对高度 = 每个种的所有个体高度之和/所有种的个体高度之和 ×100%

（4）相对盖度：每个种的盖度与所有种的盖度之和的百分比，主要用在灌木和草本植物的重要值计算中。计算公式如下：

盖度 = 树冠遮蔽地面的面积/样地面积 ×100%

相对盖度 = 每个种的盖度/所有种的盖度之和 ×100%

（5）相对频度：群落中某个种的频度占所有种的频度之和的百分比，在乔木、灌木和草本植物的重要值计算中都要用到。公式如下：

频度 = 某个种出现的样方数/样方总数 ×100%

相对频度 = 某个种的频度/所有种的频度之和 ×100%

（6）重要值：用于表示群落内各物种的重要程度。计算公式如下：

乔木的重要值 I_{vtr} =1/300 ×（相对密度 + 相对频度 + 相对显著度）

灌木和草本植物的重要值 I_{vsh} =1/300 ×（相对高度 + 相对盖度 + 相对频度）

（7）多样性指数：

a. 辛普森多样性指数（D_S）：

$$D_S = 1 - \sum_{i=1}^{s} p_i^2$$

公式中：p_i——种 i 的个体数占群落中总个体数的比例

S——物种数目

b. 香农－威纳指数（H'）：

$$H' = - \sum_{i=1}^{s} p_i \log_2 p_i$$

公式中：p_i——种 i 的个体数占群落中总个体数的比例

S——物种数目

c. Pielou 均匀度指数（E）：

$$E = H/H_{max}$$

公式中 H 为实际观察的物种多样性指数，H_{max}是最大的物种多样性指数，通过 $H_{max} = \log_2 S$（S 为群落中的物种数目）计算得出。

（8）种群的空间分布型：种群的空间分布有随机分布、集群分布和均匀分布等三种类型。判定种群空间分布格局的方法很多，常用的有分布系数法（扩散系数法），或称方差/平均数比率法：

$$C_x = \frac{S^2}{\bar{x}}$$

$$\bar{x} = \frac{\sum x}{n}$$

$$S^2 = \frac{\sum x^2 - \frac{(\sum x)^2}{n}}{n-1}$$

C_x为物种 x 的分布系数，n 为大样方内的小样方数，x 代表物种 x 在小样方内的株数，$\bar{x}$ 为 n 个小样方内物种 x 的平均株数，S^2 为 n 个小样方间株数的方差。当 $C_x > 1$ 时种群为集群分布，$C_x = 1$ 时为随机分布，$C_x < 1$时为均匀分布。当 C_x值接近 1 时还需要通过 t 检验判定 C_x对 1 偏离的显著性程度，如果不显著仍认为是随机分布。t 检验的判定公式如下：

$$t = \frac{C_x - 1}{\sqrt{\frac{2}{n-1}}}$$

【实验目的】

掌握并运用陆地植物群落调查的基本方法和群落分析方法。

【实验器材】

1. 仪器设备

GPS、海拔高度计、望远镜、坡度计等。

2. 实验材料

样方绳、测绳、钢卷尺、皮尺、记录本、笔、标签纸等。

【方法与步骤】

采用样地法调查亚热带常绿阔叶林植物群落。

1. 样地选择

选择一片人类活动较少、植被外貌完整、亚热带常绿阔叶林群落特征明显的树林进行调查。

2. 样方面积确定

参照实验 2.1 中黑石顶亚热带常绿阔叶林的种—面积曲线，可将调查的最小面积设置为 2 000m^2（40m ×50m），为方便调查记录和分析而进一步将 2 000m^2的样方划分为 20 个面积为 100m^2（10m ×10m）的小样方。

3. 样地调查

样地内植物各项参数的测量和记录如表 4.1、表 4.2 所示。

表 4.1　森林群落样地基本情况调查表

调查者：	样方号：	日期：	
植物群落类型：			
地理位置：	纬度：	经度：	海拔：
地貌：	土壤类型：		
坡向：	坡度：	地形：	坡位：
群落内地质情况：	人类及动物活动情况：		

表 4.2　森林群落样方乔木层调查表

乔木层：　　　　　　　　　　样方面积：　　　　　　　　　总郁闭度：

树种名称	胸径（cm）	树高（m）	冠幅（m^2）	郁闭度

【结果与分析】

1. 对群落内的树种按重要值大小排序，列出重要值排名前 5 的树种并判定其空间分布型。

2. 计算群落的多样性指数。

3. 计算群落的均匀性指数。

【问题与思考】

1. 通过文献搜索获取同纬度相同森林类型的群落多样性指数和均匀度指数，与本次实验结果进行比较，分析其异同并找出原因。

2. 对受调查群落作一个简单的物种多样性方面的评价。

（肖林）

实验 5　水体中常见环境因子的时空变化

由于太阳高度角的变化，导致水体对光吸收、反射和散射等的差异。同一水体不同时间的光照强度不同，而不同水体由于其水生生物组成、经纬度、海拔等的差异，导致其光照强度也不相同，而且太阳辐射的变化，还会进一步导致水体水温也存在时空差异。

水体 pH 值的影响因素较多，其中溶解在水体中的 CO_2 是影响 pH 值高低的重要因素之一。而 CO_2 又受水中生物呼吸、有机质的分解以及浮游植物光合作用等的影响。因此，水体的 pH 值也具有明显的时空变化。

【实验目的】

1. 熟悉不同水体常见的若干生态因子的时空变化特点和规律。
2. 在实践中练习并掌握水域生态学常用的仪器设备的操作方法。

【实验器材】

水质分析仪、照度计、pH 计等。

【方法与步骤】

将学生分成若干小组，每一小组均配备水质分析仪、照度计、pH 计等仪器。选择 2 ~ 3 处不同营养状态的水体（如湖泊、河流、河涌、水库等），每一小组负责一个水体。从早晨到晚上每隔 2 小时记录观察不同水体的温度、光照强度、pH 值、溶解氧、电导率等多个生态因子的测量值，并将测量值记录在表 5. 1 中。

表 5.1　不同水体生态因子的时空变化

水体类型	生态因子	不同时间							
		6:00	8:00	10:00	12:00	14:00	16:00	18:00	20:00
湖泊	温度								
	光照强度								
	溶解氧								
	pH 值								
	电导率								
水库	温度								
	光照强度								
	溶解氧								
	pH 值								
	电导率								
河流	温度								
	光照强度								
	溶解氧								
	pH 值								
	电导率								
河涌	温度								
	光照强度								
	溶解氧								
	pH 值								
	电导率								

【结果与分析】

实验结束后，各小组交流各自的实验观测结果，根据实验结果分析生态因子的时空变化规律，并出具相应实验报告。

【问题与思考】

1. 分析不同水体的生态因子之间的差异，并找出原因。
2. 水草有无对水体环境因子能产生哪些影响?

3. 不同天气情况下不同水体相关生态因子是否有可比性？

【注意事项】

对不同水体进行相关生态因子的测量时，需选择在天气晴朗、测量时间一致的情况下进行，这样获得的数据才具有代表性、典型性和可比性。

（赵建刚）

实验 6　环境温度对动物体温的影响

环境温度能直接或间接影响生物的生长发育、生活状态、繁殖和分布状况。任何一种生物的正常生活，都要求有一定的温度条件。在动物界，许多动物的体温是不恒定的，如鱼类、两栖类、爬行类等，它们的体温随着环境温度的变化而变化，这些动物叫作变温动物。变温动物通常通过一定的行为来调节体温，保护自身。如鱼类通过在水平方向或垂直方向改变栖息的场所来调节体温；两栖类和爬行类通过冬眠来调节体温。只有鸟类和哺乳类动物才具有维持自身体温相对稳定的能力，这类动物称为恒温动物。

对于较高级的恒温动物而言，环境温度变化对它们的影响要比变温动物和其他低等动物小得多。变温动物对环境温度变化的适应能力较弱，其体温能随环境温度的改变而相应改变，不能保持相对恒定。而恒温动物则能在不同温度的环境中保持体温的相对恒定。此外，环境温度对不同种动物体温的影响与动物种类、个体年龄、体重、相对体表面积及性别、体表覆盖物的有无和干湿度等因素相关。

【实验目的】

1. 了解环境温度对不同体温类型的动物体温的影响。
2. 了解除温度外其他影响动物体温的因素。

【实验器材】

1. 实验对象

牛蛙（*Rana catesbeiana*）

实验用健康小白鼠（*Mus musculus*）

2. 仪器设备

光照培养箱、温度计、天平等。

3. 实验材料

纱布、鼠笼、硬胶皮手套、大毛巾等。

【方法与步骤】

1. 设置环境温度梯度（10℃，室温，35℃）。

2. 对实验动物分别判别性别，称重，测量体温，记录体表被覆物情况及干湿度等（能判别性别的一定要记录，不容易判别的可忽略）。

3. 将实验动物装入笼中，做好标记，5 分钟后分别置于各个温度梯度下 20～30 分钟，观察动物在不同温度下的行为反应，然后分别用数字温度计测体温（肛温），将结果记录在表 6.1 中。

表 6.1　环境温度对动物体温的影响记录表

<table>
<tr><th rowspan="2">动物名称</th><th rowspan="2">环境状况</th><th rowspan="2">年龄</th><th rowspan="2">实验前体重（g）</th><th rowspan="2">实验后体重（g）</th><th rowspan="2">实验前体温（℃）</th><th colspan="3">在不同环境温度下的体温（℃）</th></tr>
<tr><th>10</th><th>室温</th><th>35</th></tr>
<tr><td rowspan="3">牛蛙</td><td>仅有水</td><td></td><td></td><td></td><td></td><td></td><td></td><td></td></tr>
<tr><td>仅有遮蔽物</td><td></td><td></td><td></td><td></td><td></td><td></td><td></td></tr>
<tr><td>以上都无</td><td></td><td></td><td></td><td></td><td></td><td></td><td></td></tr>
<tr><td rowspan="2">小白鼠</td><td>剃掉部分体毛</td><td></td><td></td><td></td><td></td><td></td><td></td><td></td></tr>
<tr><td>正常</td><td></td><td></td><td></td><td></td><td></td><td></td><td></td></tr>
</table>

【结果与分析】

1. 观察动物体温与环境温度之间的关系，以环境温度为横坐标、动物体温为纵坐标作图并进行分析。

2. 各小组交流实验结果，分析讨论温度对两种类型动物体温的影响。

【问题与思考】

将小白鼠进行有无体毛处理、牛蛙生活环境变动等处理后，观察记录，讨论生活场所不同或有无体毛对实验结果的影响并分析其原因。

【注意事项】

1. **实验动物的抓取**

小白鼠：抓取小白鼠前戴上硬胶皮手套，以防被小白鼠咬伤。右手提起鼠尾，放在鼠笼盖上，使其自然向前爬行。在其爬行时迅速用左手拇指和食指捏住小白鼠双耳及颈背部皮肤，用无名指和小指固定其后肢和尾部。

2. 实验动物性别的判别

（1）小白鼠。

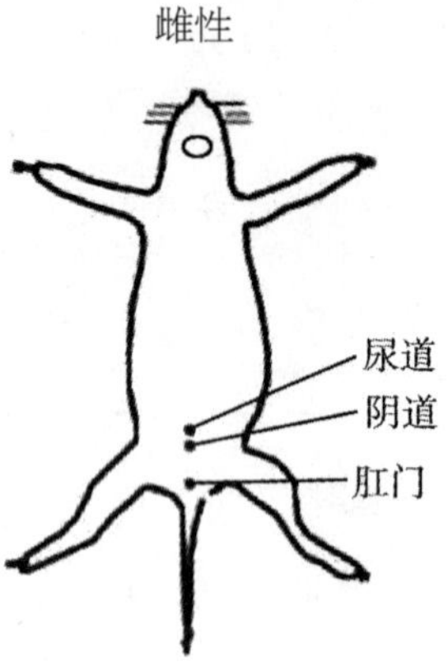

图 6.1　小白鼠解剖图

（2）牛蛙。

雄性牛蛙有鸣囊，并且其前肢的趾基部内侧有黑色婚垫，垫上富有黏液腺或角质刺，用于加固繁殖时的抱对作用。

图 6.2　雄性牛蛙解剖图

（赵建刚）

实验 7　鱼类对温度、盐度耐受性的响应

耐受性定律又称为谢尔福德耐受性定律，是美国生态学家 V. E. Shelford 于 1913 年提出的。该定律认为：生物对其生存环境的适应有一个最小值到最大值的范围，生物只有处于这两个限度范围之间才能正常生存，这个最小值到最大值的范围就称为生物的耐受性范围（阈值）。

生物对环境的适应存在耐受性限度的法则称为耐受性定律，即：任何一个生态因子在数量或质量上的不足或过量都将使该生物衰退或无法正常生存。每一种生物对任何一个环境因子都有不同的耐受性范围，范围有最大限度和最小限度，生物机能在环境因子的最适点或接近最适点时发生作用最强，趋向两端时就减弱，然后被抑制。

不同生物对温度、盐度等环境因子有不同的耐受范围。本实验以不同种类的鱼为研究对象，比较认识其对温度、盐度等因子的耐受性。

【实验目的】

1. 认识并练习判断生物对生态因子耐受范围的方法。

2. 了解不同鱼类对不同温度、盐度耐受限度和范围不同，加深对谢尔福德耐受性定律的理解。

3. 了解影响鱼类耐受能力的因素。

【实验器材】

1. 实验对象

温带鱼——金鱼（*Carassius auratus*）

热带鱼——斑马鱼（*Brachydanio rerio*）或孔雀鱼（*Poecilia reticulata*）

寒带鱼——虹鳟（*Oncorhynchus mykiss*）

2. 仪器设备

温度计、盐度计、电子秤、水浴箱、恒温箱等。

3. 实验材料

冰块、鱼缸、鱼漏、大烧杯、小烧杯、水瓢等。

【方法与步骤】

1. 鱼类对高温和低温的耐受能力观察

（1）建立 4℃、10℃、室温、35℃的温度梯度。

（2）了解实验动物（金鱼、斑马鱼或孔雀鱼、虹鳟等）的种类及其驯化背景等生物学特性。

（3）将长势、大小、生长背景相似的金鱼、斑马鱼或孔雀鱼、虹鳟等每 6 条分为一组，各分 3 组。

（4）将分组的金鱼、斑马鱼或孔雀鱼、虹鳟等分别置于 4℃、10℃、室温、35℃的环境中各 30 分钟，观察其行为。动物明显麻痹不动，即可认定为死亡。

（5）将金鱼、斑马鱼或孔雀鱼、虹鳟等在高温和低温下的活动情况分别记录在表 7.1 中。

表 7.1　极端温度下不同鱼类死亡率随时间的变化

鱼类	体重（g）	35℃下随时间（分钟）的死亡率（%）			4℃下随时间（分钟）的死亡率（%）		
		30	60	90	30	60	90
温带鱼							
热带鱼							
寒带鱼							

2. 金鱼（淡水鱼）对不同盐度的耐受能力观察

（1）建立 c =15‰、c =25‰和 c =35‰的盐度梯度。

（2）了解实验动物（金鱼）的种类及其驯化背景等生物学特性。

（3）将长势、大小、生长背景相似的金鱼每 6 条分为一组，共分成 3 组。

（4）将分组的金鱼分别置于 c =15‰、c =25‰和 c =35‰的盐度水环境各 30 分钟，观察其行为。

（5）将金鱼在 c =15‰、c =25‰和 c =35‰的盐度水环境下的活动情况分别记录在表 7.2 中。

表 7.2　鱼类对盐度的耐受力观测结果记录表

动物名称	体重（g）	15‰下随时间（分钟）的死亡率（%）			25‰下随时间（分钟）的死亡率（%）			35‰下随时间（分钟）的死亡率（%）		
		30	60	90	30	60	90	30	60	90

【结果与分析】

1. 观察鱼类在极端温度、盐度条件下的活动情况，记录其死亡率，绘表并进行分析。

2. 综合各组实验结果，分析各组间结果的异同，讨论会影响温度对动物体温影响结果的因素并判断其影响。

【问题与思考】

将盐度条件改为 c =20‰、c =30‰和 c =40‰等，对温带淡水鱼重复上述实验，结果是否会有变化？怎样变化？

【注意事项】

在做温度实验时，应缓慢升温或降温，切忌直接将鱼类放入高温或低温环境，导致其马上死亡。

（赵建刚）

实验 8　光照对藻类生长的影响

光照是藻类生长所必需的环境因子，光照强弱的不同直接影响藻类光合作用有机物质的积累从而影响藻类的生长。在一定光照强度范围内，光强越大，藻类生长越快，藻类种群数量的增长也越快。藻类的生长速度可以通过种群增长速度来间接反映，也可以经过一定时间的培养后通过藻类个体数量的增减来反映。这一工作可在显微镜下计数完成，然而藻细胞个体很小、密度过大时在显微镜下计数容易出现较大的人为误差；同时当要处理的样品量较大时用显微镜对藻类计数的工作强度大，耗时长，且检测人员存在主观判断差异，不同的检测人员计数的藻类结果往往相差较大。因此可采用分光光度法来近似估算单种藻类生长状况。

分光光度法测定藻类数量的原理：单一藻类的个体数与其光密度值成正比。本法适用于纯种藻类数量估测，对于一个特定的藻种，其个体内叶绿素 a 含量的百分比接近，因此单位体积的培养液中藻类个体数量一定时，其对应的叶绿素 a 浓度值也基本恒定。因此可通过测定单位体积的藻类培养液在 664nm 下的吸光值来间接估算培养液中藻类的数量。

【实验目的】

1. 了解光照对藻类种群增长的影响。
2. 掌握样品中藻类数量的计数法：分光光度法。

【实验器材】

1. 仪器设备

光照培养箱、照度计、移液枪、超净工作台、分光光度计、离心机等。

2. 实验材料

小球藻（*Chlorella vulgaris*）、培养基配制的各种化学物品、酒精、250mL 的三角培养瓶、纱布、纱绳等。

【方法与步骤】

1. 小球藻培养液的配置（BG－Ⅱ培养液，pH =7.1）（见附录2）

2. 小球藻培养液的灭菌

培养液灭菌条件为121℃，0.1MPa，20分钟。

3. 小球藻的接种

在超净工作台内，取60个250mL的三角培养瓶，各加入99mL灭菌后的小球藻类培养液；然后往每个三角培养瓶内接种1mL混合均匀的小球藻母液，震荡混匀，注意事先须给每一个培养瓶编上相应的号码。

4. 实验处理

将60瓶接种好小球藻的培养瓶放置在光照强度分别为20 000μmol/m²/s（光照培养箱内灯管全开）、10 000μmol/m²/s（光照培养箱内灯管半开）、5 000μmol/m²/s（光照培养箱内灯管1/4开）等3个光照强度水平下的培养箱内，每个培养箱内各放20个培养瓶，20个培养瓶的选择可以随机产生。每天震荡混匀一次。

5. 数据观测和记录

分别于1，3，5，7，9，11天后从震荡混匀后的处理培养瓶中取出适量溶液，后测定光密度值，每次每种光照处理测定三个培养瓶，并记录结果。

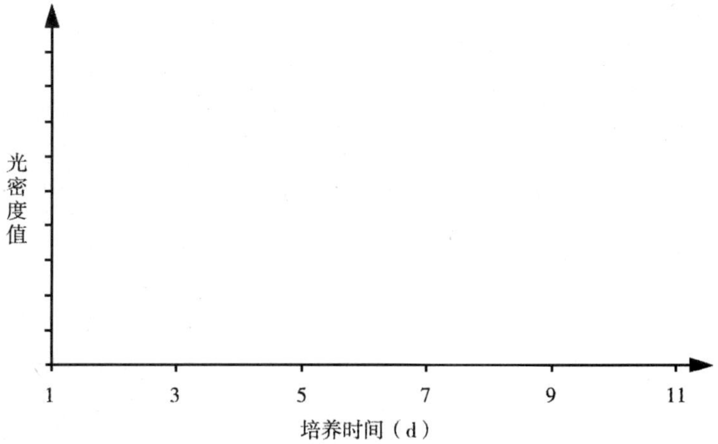

图8.1　不同光照强度下培养液光密度值—培养天数曲线

【结果与分析】

将不同光照强度下小球藻的光密度值平均数作为有效数据，以培养时间为 x 轴，光密度值为 y 轴作图，各组交流数据，并对实验结果进行分析讨论。

【问题与思考】

培养液为 100mL，藻类母液为 1mL 时，在不同光照强度下的藻类进入平台生长期的时间为多长？如果将培养液增加为 200mL，而藻类母液仍为 1mL 时，其余条件不变，不同光照强度下藻类进入平台生长期的时间又为多长？比较分析等量藻类母液置于不同体积的培养液时其进入平台生长期的时间，并作解释。

（肖林）

实验9　水体初级生产力测定

水体初级生产力反映了水域初级生产者通过光合作用生产有机碳的能力，是水域生态系统生物链的第一个环节，是水生生物资源评估的重要依据，因此成为水域生态系统研究的重要内容。浮游植物作为水体光合作用的主体，其在单位时间、单位体积内所生产的有机物量，即为该生态系统的初级生产力。初级生产力的生产涉及光合作用与呼吸作用两个过程，光合作用是浮游植物吸收 CO_2 释放 O_2，呼吸作用则是消耗 O_2 释放 CO_2。因此，测定水域生态系统中 O_2 和 CO_2 含量的变化即可研究水域生态系统的生产过程和呼吸过程，从而确定水体初级生产力水平。

黑白瓶测氧法：黑瓶内的浮游植物，在无光条件下只进行呼吸作用，瓶内氧气将会被逐渐消耗而减少；而白瓶在光照条件下，瓶内植物进行光合作用与呼吸作用两个过程，但以光合作用为主，所以白瓶中的溶解氧量会逐渐增加。

光合作用的过程可以用下列化学反应式来表示：

$$6CO_2 + 12H_2O \longrightarrow C_6H_{12}O_6 + 6H_2O + 6O_2$$

由反应式可以看出氧气的生成量与有机质的生成量之间存在着一定的当量关系，所以可以通过测定瓶中溶解氧的变化，用 O_2 量间接表示生产量，也可以将 O_2 量转移成 C 量，其转换系数是 0.375。

【实验目的】

1. 掌握测定水域生态系统初级生产力的方法。

2. 了解水域生态系统初级生产力在垂直空间的分布规律，评价该水域生态系统的健康状况。

【实验器材】

1. 仪器设备

溶氧仪、照度计、电导率仪、pH 计（pH 试纸）等。

2. 实验器材

采水器、透明度盘、黑白瓶、水桶、洗瓶、吸耳球、乳胶管、滤纸、卷尺、曲别针等。

【方法与步骤】

本实验可以在室内大水族箱内进行模拟，也可以到室外水体现场（湖或河）进行。

1. 采水与挂瓶深度的确定

以照度计或透明度盘测定水体的透光深度和光照随深度增加而衰减的速率，采水与挂瓶的深度确定在表面照度 1% ～100% 之间，按照表面照度 100% 、50% 、25% 、10% 、1% 等确定采水与挂瓶深度。对于浅水湖泊（ <2m），挂瓶深度可分别取 0. 0m、0. 4m、0. 8m、1. 2m、1. 6m、2. 0m 深度分层。

2. 取样与挂瓶

用采水器采集 0 ~2m 深度的水样（水体分层同上），装满实验瓶，灌水时要把采水器的胶管插入瓶底，瓶灌满后使水满溢出 2 ~3 倍，确保瓶中没有混入空气。每组实验瓶 3 个，初始瓶中要立即加入硫酸锰与碱性碘化钾对溶解氧进行固定，盖紧瓶盖置入相应水层中，用以测定原初溶氧量（称 IB 瓶），另一白瓶（称 LB 瓶）与一黑瓶（称 DB 瓶）装满水后挂入与采水相同深度的水层中。

3. 光合时间与取瓶

如测定光照强度与生产力的关系，可每 2 ~4h 测定一次，如测定全天初级生产力，则可在挂瓶后 24h 测一次。本实验挂瓶时间为 6h（一般 10：00挂瓶，16：00 取瓶）。

【结果与分析】

1. 数据分析

（1）溶氧量单位以 mg/L · h 表示。

呼吸量 $R = IB - DB$

总生产量 $PG = LB - DB$

净生产量 $PN = LB - IB$

其中 *IB* 为原初溶氧量，*LB* 为白瓶溶氧量，*DB* 为黑瓶溶氧量。

(2) 计算日初级总产量和日初级净产量。(单位：mg/L · d)

(3) 将 O_2 量转换成 C 量。

2. **水体环境评价**

根据下列标准确定水体营养级别：

表 9.1 不同营养级别水体的最高初级生产力（g O_2/m^3）

营养类型	最高日初级产量
贫营养型和低产湖	0.5～1
中营养型	1～2.5
富营养型	2.5～7.5
高度富营养型	>7.5

【问题与思考】

1. 分析用黑白瓶法测定水域生态系统初级生产力的优缺点。
2. 初级生产力的测定方法还有哪些?
3. 水域生态系统初级生产力的限制因素有哪些?

【注意事项】

1. 该实验需在晴天进行，应合理安排光照时间，一般在上午进行挂瓶。

2. 对于透明度较低的水体，可根据实际透光深度合理选择取样与挂瓶深度，但不同深度的挂瓶不宜出现重叠。

3. 在有机质含量较高的水体，可采用 2～4h 挂瓶一次，进行连续测定。避免溶解氧过低而使净生产力出现负值。

4. 测定时间应同时记录水温、水深、光照强度，且需对水体中氮、磷含量同时进行测定。

（乔永民）

实验 10　沉水植物的主要生态功能

水生植物在湖泊中具有重要的调控作用，对浅水湖泊的生态功能具有重要影响。

挺水植物能给许多其他生物提供生境，增加生态系统的稳定性和多样性。挺水植物根系发达，能够通过根系将氧气从上部输送至根部，在根区附近形成好氧—兼氧—厌氧的环境，改善沉积物氧化还原条件，能促进有机物质的分解和硝化细菌的生长，使得氧化还原反应在这一区域得以顺利进行，从而去除水中氮及其他污染物。另外，挺水植物能够固定沉积物，减少沉积物再悬浮，减少磷等营养盐的释放，增加水体的净化能力；一些具有观赏性的种类，如荷花（*Nelumbo nucifera*）、宽叶香蒲（*Typha latifolia*）、菖蒲（*Acorus calamus*）等，还具有美化湖泊、池塘的功能。

与挺水植物类似，浮水植物也是水生植物的重要组成部分，除能增加水域生态系统的自净能力，控制浮游植物的生长，吸收及富集水体的营养盐外，还为具有净化作用的附着生物提供栖息场所等。此外，由于浮水植物叶片浮在水面，因此对水体透明度要求较低，常常作为富营养化湖泊、池塘等水生植被构建的先锋物种，用以控制浮游植物，改善水体透明度，为其他水生植物的恢复，特别是沉水植物的恢复创造有利条件。再者，许多浮叶植物还具有较高的观赏价值，如莲（*Nelumbo nucifera*）、睡莲（*Nymphaea tetragona*）等。

沉水植物在湖泊、池塘中分布较广，生物量较大，可以成为浅水湖泊、池塘的主要初级生产者，也是使湖泊从以浮游植物为优势的“混水态”转变成以大型水生植被为优势的“清水态”的关键。它不仅对湖泊、池塘等水体中的氮、磷等污染物有较高的净化效率，还可以固定沉积物，吸收底泥中的营养盐，稳定沉积物，为具有净化作用的附着生物包括螺类等，提供栖息场所，同时也可以给浮游动物提供栖息、繁殖的场所从而增强生态系统对浮游植物的控制和系统的自净能力。因此，沉水植物是维持“清水态”水生系统的关键所在。

总的来说，水生植物的环境效应包括：能够促进沉降和氧化还原反应，防止底泥再悬浮，给其他水生动物提供生境；还能与浮游植物竞争营养物质和光照，吸取储存营养物质，它的存在可抑制浮游植物的生长；增加了系统的生物多样性，提高了系统对外界干扰的缓冲能力，使水域生态系统结构更加稳定。所以，水生植物不仅是湖泊、池塘生态系统的重要初级生产者，而且对水域生态系统的结构和功能具有决定性的影响，是湖泊、池塘生态系统保持稳定的重要因素。

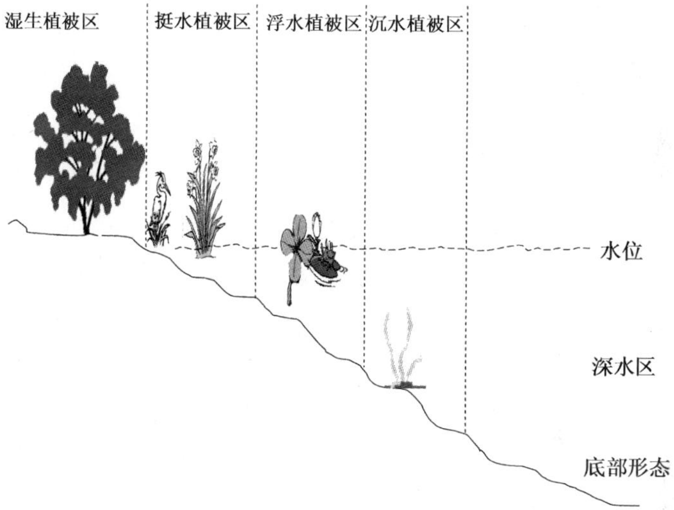

图 10.1　水域生态系统中水生植物分布示意图

【实验目的】

1. 培养学生进行淡水生态学的实验设计能力。
2. 了解沉水植物维持浅水湖泊“清水态”的主要机理。
3. 加深理解沉水植物在浅水湖泊中的主要生态功能。

【实验原理】

沉水植物能够促进沉降，抑制底泥再悬浮，增加水体透明度，吸取储存营养物质，抑制浮游植物生长，降低水体营养盐含量，提高水体净化能力和环境容量等，从而维持浅水湖泊“清水态”。

【实验器材】

1. **仪器设备**

水质分析仪、水下照度计、紫外分光光度计、透明度盘等。

2. **实验材料**

中型水域生态系统：大型容器（高约80cm）、湖泊、水库等水体中的沉积底泥、自然水体水、沉水植物若干。

【方法与步骤】

将学生分成若干个小组进行分组实验。

1. **有无沉水植物的中型水域生态系统的构建**

（1）构建中型水生系统：将采集的沉积物风干，粉碎，去除砾石，混均后置于容器中（20cm 厚）。

（2）将湖水经孔径≤100μm 的浮游生物网过滤以去除大个体浮游动物后注满容器。

（3）将其中一组（四个中型水生系统）种植沉水植物（如苦草 *Vallisneria natans*）作为沉水植物处理组；另一组（四个中型水生系统）不种植沉水植物作为对照组。

（4）静置、培养一段时间后（两周）进行测定、比较分析。

2. **水域生态系统中环境因子的测定**

（1）用水下照度计测定沉积物表层光照强度。

（2）用透明度盘测定水体透明度。

（3）用水质分析仪测定水体溶解氧、温度、pH、电导率等随深度变化（20cm）和昼夜变化的情况。

（4）测定水体中叶绿素 a 的浓度。

【结果与分析】

各组以报告形式分析下述几个问题：

1. 比较两个处理组中沉积物表层光照强度的变化。
2. 比较两个处理组中透明度的变化。
3. 比较两个处理组中水体溶解氧、温度、pH、电导率等的变化（20cm）。

4. 比较两个处理组中水体叶绿素 a 的浓度。

【问题与思考】

1. 沉水植物维持浅水湖泊“清水态”的主要机理是什么?
2. 湖泊中沉水植物的主要生态功能是什么?

【注意事项】

为取得更好的实验效果，建议：

1. 采集沉积物和注入湖水时要选沉积物和湖水中营养物质含量相对较多的；若沉积物和湖水中营养盐含量较少，可向各系统中添加营养盐以促进浮游植物生长。

2. 中型水域生态系统构建时，容器高度至少有 1m。

3. 若中型水域生态系统构建后培养时间过短，可适当增加沉水植物密度。

4. 构建好中型水域生态系统后若静置时间过长（两周以上），需刷掉附着在容器壁上的附着藻类。

5. 实验开展时选择在植物生长旺盛期进行效果较好。另外，中型水域生态系统应选择位于开阔无遮荫的地方进行。

（张修峰，赵建刚）

实验11　淡水大型底栖动物在水质监测中的应用

大型底栖动物作为淡水生态系统的重要组成部分，在物质及能量循环上具有承前启后的作用，一方面取食小型浮游生物以及食物碎屑，另一方面又被更为高等的鱼类以及其他脊椎动物所捕食。其生活史以及个体大小均较适中，种类及生活环境也千差万别，基本涵盖所有类型水域，且耐受性较好，迁移能力相对较弱，能够反映出水体环境的长期变化，加上野外采样以及实验室处理相对廉价和简单，因此，在水质监测领域，越来越受到人们的青睐。

常见的大型底栖动物集中在4门9纲之中，其中静水水体（湖泊、池塘）中常见的种类包括软体类、环节动物门的寡毛类以及昆虫纲中的摇蚊类，而流水中的种类明显要比静水中的丰富许多。此外，河流的每个阶段各有不同的代表物种，如襀翅目（石蝇 stonefly）的种类仅出现在上游且水温低的清洁水体，蜉蝣目（mayfly）以及毛翅目（石蛾 caddisfly）在上游和中游都可以发现它们的身影，而下游一般缺少上述3种类群，以双翅目的种类和甲壳纲的种类占据优势。

本实验包含3节内容，从野外采样到实验室处理，到最后的群落分析以及环境评价，将动手动脑有机地结合在一起。其目的就是让学生掌握水体中常见的大型底栖动物类群，学会利用科学形态学特征区分种类，通过观察底栖生物的生态类型和摄食类型以及体型对环境的适应，增强学生对“水中精灵”认知的兴趣；通过构建生态群落数据库，Excel中运算常见群落参数。在此基础上，介绍生物监测的原理，运算生物监测常用的指标，从而加深学生对大型底栖动物与水环境监测关系的理解。

实验11.1　常见大型底栖动物的分类鉴定

不同底栖类群对水环境的适应是长期生态进化的结果，每种类群都有其独特的形态适应特征，利用水中呼吸（鳃丝、呼吸管）、水中运动以及控制（足、尾浆、体型）、摄食（口器）等性状特征，可以将不同的类群区分到具体的种类。

河流从源头到下游，不但其河道、水体理化性质等发生了阶梯性的改变，生物类群等也发生了相应的梯度变化，生物多样性呈现出“低—高—低”的演替趋势，同时上游流水型的清洁指示物种逐渐被下游湖沼型的富营养化物种所替代。

【实验目的】

1. 识别常见水体中常见的大型底栖动物，观察各种底栖类群对水环境的适应特点。

2. 学会常用的分类性状、挑拣样品。以水丝蚓（Oligochaeta）和摇蚊（Chironomidae）为例，学会封片技术和显微观察并绘图识别。

3. 从挑拣底栖动物类群的角度，简单认识不同河流区段的生物组成的差别，从而理解“河流连续性原理”。

4. 培养学生自己动手、自我思考的思维。

5. 熟悉从事科研工作的研究方法和思路。

【实验器材】

1. 仪器设备

显微镜、解剖镜等。

2. 实验材料

铲子、250mL的广口瓶、网格筛（500μm）、采样网等。

【方法与步骤】

1. 样品的采集

实验开始之前，提前在学校附近选取一条典型河流，兼顾其上下游的特定栖境，尽量中间包含湖泊或者水库典型静水水体。根据实际情况，将学生分成若干小组；每组指派一名学生，跟随教师去野外采样。采集过程中，注意每一小组应该采集不同河段的样品。给学生示范底栖动物的定性和定量采集方法的同时，让学生亲身感受到“水中精灵”的多态；采集后的样品过筛，去除大的碎屑以及颗粒物，转移到 250mL 的广口瓶中，注意标记好每一小组样品的采样地点和标号，将样品用冰盒尽量无损带回，使其保持活体状态，不加任何固定剂。

2. 活体观察

实验室内每个小组负责观察一瓶样品，根据人数的多少，将样品进行分样，使得每人均有样品观察，并转移到表面皿中。注意观察活体生物，感性认识底栖生物水中游动的动态特征。注意观察蜉蝣稚虫（mayfly nymph）的鳃叶或鳃丝拍击水流获取大量溶解氧的动态特征，也可以考虑其他类群，如石蝇、石蛾、豆娘、大蚊等的呼吸器官。

3. 生物挑拣

用镊子将生物个体逐一挑拣出来，遵循原则：先大型个体后小型个体；同一大类的底栖生物放在单独的离心管中；不同的类群分开放置。根据参考书上提供的检索信息，让学生自己检索底栖动物的类群（达到科级水平即可），然后做好类群标记和小组编号。

4. 交叉识别

由于每组成员采集的样品不同，因此挑拣出来的生物类群有所差别。挑拣完成后，小组之间互相交叉交流，识别不同的动物类群，做到全体学生都能认识全部的生物类群。

5. 显微识别

每组从其挑拣的样品中，挑选个体完整的摇蚊/寡毛类样品，封片，显微镜下观察主要识别特征。

6. 数据库构建

识别物种完成后，由各小组汇总每个组员的挑拣样品，在 Excel 中录入本组的底栖动物数据库，按照“物种类别（科级）—丰度”构建二维 R 模式（或 Q 模式）数据库。

【结果与分析】

各组交流采集到的样品和整理好的数据库。

【问题与思考】

1. 一块未知网孔（直径）筛绢，如何确定目数？

2. 底栖动物外观特征在各个类群中对环境的适应。

3. 不同的河流区段，为什么会出现不同的生物类群?

实验 11.2　底栖动物的群落分析

衡量或比较群落结构的优劣取决于群落的组成以及各组分对群落的贡献，基于不同思维而建立的评价方法也因此有所不同。常见的评价方法包括群落生物多样性指数（Diversity Index）、丰度等级排序（Rank Abundance Diagrams）、群落相似性（Similarity）等。

1. 群落生物多样性指数（Diversity Index）

（1）总物种数 Sn（Number of Species）。

计算一个样方中的物种数目，Excel 中学会使用 “countif” 命令。Sn 取决于样方大小，一定条件下采样面积越大，物种数越多（$Sn = cA^z$）。

（2）优势度 D_{BP}（Dominance Index）。

计算一个样方中的优势物种的相对丰度，优势度越大，说明这个群落越单调。Excel 中学会使用 sum（ $ ） 命令以及相对丰度的计算。

（3）辛普森指数 D_s（Simpson Index）（$1 - D_s$ or $1/D_s$）。

计算某样方中，随机取出 2 个分属于不同种的概率（也可以理解为，各物种相对丰度偏离中值的差异度）。D_s 越大，多样性越低，因此常用 $1/D_s$ 来表示。

$D_s = \sum \{ [n_i (n-1)] / [N (N-1)] \}$ 或 $D_s = \sum [(n_i/N)^2]$（n_i 为第 i 个物种的丰度，N 为总丰度）

优缺点：对最优势物种加权厉害；稀有物种几乎无所贡献，但比优势度指标更精确。

（4）香农 - 威纳指数 H'（Shannon - Wiener Index）。

基于信息统计的一种指数，强调每一物种在群落中均发挥作用，稀有物种影响群落的 H'；等比放大丰度，H' 数值不变；样方依赖性弱，香农 - 威纳指数反映的是群落内部各组分之间的平衡性或系统内部的紊乱程度（熵值），切不要过分夸大此指数的意义。其计算公式为：

$H' = -\sum_{i=1}^{s}(n_i/N)\log_2(n_i/N)$（$S$ 为种数；n_i 为 i 种的个体数；N 为总个体数，对数以 2 或 e 为底）。

其常用评价标准是 $1 \leqslant H' < 3$ 为中污染，处于这个区间之外为重污染和轻污染，仅适用于底栖动物有机污染评价，切不要滥用在其他类群或其他污染评价上。

（5）香农均匀度（Shannon's Evenness Index），计算公式如下：

$J = H'/\ln(S)$，其中 H' 是香农指数，S 是物种数目，注意 H' 与 S 进行对数运算的时候，要取相同的底。

其优点是独立于样方大小，突出每个个体和每个物种对群落作出的贡献。

（6）马格里夫指数 D_{Mg}（Margalef's Diverstiy Index），计算公式如下：

$D_{Mg} = (S-1)/\ln(N)$（Mg = Margalef），其中，S 为总物种数，N 为总个体数。优点：同时考虑丰度和物种数目，但是其样方依赖性高，不适合在小群落中应用。

2. 丰度等级排序（Rank Abundance Diagrams）

主要有 4 种类型，学会按照丰度等级大小，进行梯度排序，从而将一个群落中每个物种的信息组织架构均反映在一张图上。

常见的丰度曲线包括以下 4 种：几何分布模型 Geometric Series、对数正态分布模型 Log Normal Distribution、断棒分布模型 Broken -stick Model 和对数数列模型 Log Series。

群落中常有几个明显优势种，整个群落显得相对失衡的，呈几何分布模型；群落稀有物种较多，常形成一种“拖尾”的对数数列模型；而群落最为平衡的是断棒分布模型；其次是对数正态分布模型。

3. 群落相似性系数（Community Similarity Coefficients）

群落相似性系数是生态学中最基本的概念之一，其主要意思是：两个群落，比较同物种在两个群落（A 群落和 B 群落）中的分布情况：

a：两个群落均出现；

b：仅在 A 群落中出现；

c：仅在 B 群落中出现；

d：在两个群落中都不出现。

基于上述四种情况，发展出以下 3 种群落相似性指数：

a：Jaccard coefficient（Jaccard，1901）

$$C_j = a/(a + b + c)$$

b：Sorensen coefficient（Sörensen，1948）

$$C_s = 2a/(2a + b + c)$$

c：The simple matching coefficient（Sokal & michener，1958）

$$C_{sm} = (a + d)/(a + b + c + d)$$

【实验目的】

1. 通过课堂上 Excel 的演示和学生自己动手操作，熟悉常见群落结构参数的计算方法，并理解每个参数表达的意义，以及对群落结构的贡献。

2. 熟悉各种表达计算方法的优缺点。

【实验器材】

底栖动物数据库（可以是前次实验学生自己建立的数据库，也可以由教师提供）。

【方法与步骤】

根据给出的公式，利用上次课堂上学生自己整理的底栖动物数据库，示范每个群落参数的计算方法，并讲述每种指数的应用范围和局限性。也可以在 Excel 中插入 Diversity 插件，检验手动计算的数值是否正确。

【结果与分析】

各组交流各种指数的计算结果，并对计算结果进行分析讨论。

【问题与思考】

比较不同群落指数评价同一样方出现偏差的可能性并给出合理的解释。

实验 11.3　应用大型底栖动物进行水质监测

水体中每种生物对其周围的环境都会有相应的累积和响应，不同的类群在监测上的应用也不尽相同，有功能物种（指示种）与结构物种之分。基于不同的思维模式，可仅利用群落里面部分群体有无出现进行总体评价（BMWP/ASPT），也可以考虑每个个体对环境的贡献大小、多少之别，利用数学统计方法（Hilsenhoff's FBI）以及综合评价方法（IBI）。

1. 指示种方法

BMWP/ASPT（Biological Monitoring Working Party/Average Score Per Taxon）

生物工作组赋值系统是从底栖类群中筛选 15 个大类群，以科为单位（寡毛类是以纲为单位），选取常见的 85 个科级分类单元。每个类群根据其对环境贡献的大小，赋予 1～10 不同的分值。清洁水体中的赋值较高，相反，污染水体中出现的种类赋值较低。最后汇总某一水体出现的指定类群，得出的汇总结果便是对整个水体的评价；这个值除以出现的科级类群数目，将会得到单个类群的平均值（ASPT）。此指数的应用范围较广，全球范围内，科级水平的鉴定基本可以达到一致，可以避免因鉴定体系不同而引起的误差，其缺点是在人为界定的科级分类单元中，每个个体并不一定具有相同的生态栖境。

2. 生物指数

黑森霍夫科级生物指数 FBI（Hilsenhoff's Family Biotic Index）是从 15 个类群中选择大约 90 个科，然后每个科根据其耐污能力的强弱，赋予 0～10不同的耐污值，污染种类赋值最高，敏感种类赋值最低，然后根据每个物种在群落中的相对丰度进行数学公式统计。其计算公式如下：

$$FBI = \sum P_i \times t_i$$

其中 $P_i = n/N$，是某个科级单元中总个体数在群落中所占的相对丰度，t_i 是每个科级单元所对应的耐污值。FBI 的理念来源于腐水生物指数

(Saprobic Index)，考虑到某些指示种群的同时，又兼顾到每个类群所对应的丰度，若分类单元可以进一步细化鉴别到种，同样的理念也可以应用在种级单元上。其缺点就是假定科级分类单元中所有种类的耐污值都相同，但科仅是人为的归类，忽略了科内各个物种耐污能力的差异。

底栖动物完整性指数 IBI－ZB（Zoobenthos－Index of Biotic Integrity）的主要思想就是因地制宜，添加参考位点。筛选和加权不同的生物指数，然后得到一个复合指数，能够比较完全地反映整个水体的状态。但是这个指数在各个地区广泛应用时，要根据实际区系进行校正。常用的筛选指数包括：

（1）群落指数。

多样性指数、BMWP/FBI 赋值系统、优势种指数、前三优势种百分含量、总底栖物种数。

（2）主类群指数。

蜉蝣、襀翅、毛翅总和的百分含量，蜉蝣、襀翅、毛翅三目的物种总数，蜉蝣昆虫的相对丰度，双翅目幼虫的相对丰度，摇蚊类群的相对丰度，直突摇蚊/摇蚊亚科丰度比值。

（3）营养指数。

功能摄食群的组成、滤食者的相对丰度、刮食者的相对丰度。

【实验目的】

1. 熟悉底栖动物常用的生物评价方法。

2. 掌握利用指示种与数学统计理论监测水质的优缺点。

3. 掌握 BMWP/ASPT、Hilsenhoff's FBI 以及 IBI－ZB 的计算过程和方法。

【实验器材】

底栖动物数据库（可以是前次实验学生自己建立的数据库，也可以由教师提供）。

【方法与步骤】

1. 根据每个小组自己构建的底栖动物数据库，依据给出的公式以及相应类群的赋值，计算每个样品的评价得分。

2. 根据每个指数给出的判断标准，评价样品所处水体的优劣。

3. 比较各组计算分数的差别，比较一下河流从上游到下游各个样品生物评价是否与河段相符合。

【结果与分析】

各组交流各种指数的计算结果，并对计算结果进行分析讨论。

【问题与思考】

1. 各种评价方法的思维方式有何不同？

2. 同一样品，运用不同的评价方法，结果出现分歧时，应该遵循什么原则？

（唐红渠）

实验 12　鱼类食性分析

一、动物食性

食性是综合动物对食物的偏爱及实际的食物摄入情况的生理指标。动物食性可分为以下若干类：长期与环境适应的食性，即进化形成的食性，可通过消化器官形态及生化指标测定；消耗食物的食性，根据进入消化管的食物来定，可通过消化道内容物分析测定；同化营养物的食性，根据食物中的营养成分同化为生物体的比例来定，可通过稳定同位素分析测定。

二、鱼类食性分析方法

1. 根据消化系统形态结构、生化特性分析鱼类食性

根据消化系统形态结构及生化特性分析鱼类食性，即进化形成的食性。它是经长期的环境适应而形成，可靠性较高，常用于生物考古学及常规野外生态调查。

2. 根据胃肠内容物分析鱼类食性

根据胃肠内容物分析鱼类食性是最直接的野外方法，通过胃肠道中残留物直观地了解鱼类实际的食物种类。同时，这是一种定量描述食物网生物营养层次的传统方法，尽管具有时空限制和小型生物类食物难鉴定等不足之处。

3. 根据稳定同位素分析鱼类食性

（1）稳定同位素基本性质。

①同位素。

原子的化学性质是由核内的质子数目确定的。由于带正电荷质子间的

排斥力，如果没有中子，就不可能构成除氢之外的其他元素。核内质子数相同而中子数不同的同一种元素的原子称为同位素。

根据半衰期同位素分为三类，第一类是半衰期很短；第二类是半衰期很长；第三类是半衰期介于前两者之间。最后一种可由目前仪器测出其同位素变化，称为放射性同位素，前两种不能由目前仪器测出其同位素变化，称为稳定同位素。

②稳定同位素种类。

稳定同位素可根据成因分两种：放射成因稳定同位素与非放射成因稳定同位素。放射成因稳定同位素是由放射性同位素母体衰变而来的，而非放射成因稳定同位素没有放射性母体。

③稳定同位素的测定指标。

同位素丰度：同位素原子在元素总原子中的百分比。该指标不能准确测定。

同位素比值（R）：R =一种同位素的丰度/另一种同位素的丰度。对于放射成因稳定同位素比值，R =一种放射成因稳定同位素的丰度/一种非放射成因稳定同位素的丰度。对于非放射成因稳定同位素比值，R =一种重稳定同位素的丰度/一种轻稳定同位素的丰度。该指标不能准确测定。

实际测定非放射成因稳定同位素的丰度指标时，常使用 δ 值（‰）：

$$\delta = \left(\frac{R_{样品} - R_{标准}}{R_{标准}}\right) \times 10^3 = \left(\frac{R_{样品}}{R_{标准}} - 1\right) \times 10^3$$

碳同位素国际标准物为 PDB（Peedee BeLemnite Carbonate），为美国南卡罗来纳州白垩系皮狄组美洲箭石的鞘，是碳酸钙。氮同位素国际标准物为大气中的氮气。例如，$\delta^{13}C$ 即指样品中碳稳定同位素比值：

$$\delta(^{13}C) = \left[\frac{R\left(\frac{^{13}C}{^{12}C}\right)_{样品}}{R\left(\frac{^{13}C}{^{12}C}\right)_{标准}} - 1\right] \times 10^3$$

④稳定同位素的分馏。

由于各同位素的质量不同引起同位素之间化学与物理性质的差别称为同位素效应。同位素以不同比例分配在不同物质或物相的现象称为同位素分馏。同位素分馏是同位素效应的一种表现。

同位素分馏发生在多种物理、化学、生物过程中，如蒸发作用、扩散作用、吸附作用、光合作用、生物分解等过程。同位素分馏有些可用仪器测出，有一些测不出，一般原子质量大于钙的同位素的分馏难以测出。

（2）稳定同位素与食性。

1）生物对碳、氮稳定同位素的分馏。

①生物对碳稳定同位素的分馏。

植物分馏碳稳定同位素主要来自光合作用中羧化反应优先利用$^{12}CO_2$，而$^{13}CO_2$滞留在细胞质中，并随呼吸作用又排出。根据光合作用初级产物将植物分为C_3、C_4、CAM植物，C_3植物经呼吸作用更快更多地放出$^{13}CO_2$，C_4植物对二氧化碳利用率更高，CAM介于两者之间。有资料显示，C_3植物的δ（^{13}C）平均为－27‰，C_4植物的δ（^{13}C）平均为－13‰，CAM植物的δ（^{13}C）平均为－17‰。大部分植物是C_3植物，C_4植物主要是适合于干热环境生长的草，CAM植物主要是肉质茎植物（如仙人掌）。

动物蛋白一般难以分馏碳稳定同位素，与环境或食物的碳稳定同位素相似。骨头与牙齿对^{13}C有一定的富集。

②生物对氮稳定同位素的分馏。

微生物分馏氮稳定同位素主要是反硝化作用优先利用^{14}N，让它形成氮气排到空中，而^{15}N相对滞留在土壤与海洋中。海洋中反硝化作用相对更强，所以海洋中^{15}N的含量比土壤中^{15}N的相对更高。

植物中氮稳定同位素含量差别在于是固氮植物（如有根瘤菌可固定空气中的氮）还是非固氮植物，固氮植物有较低的^{15}N含量，而靠吸收土壤氮的非固氮植物有较高的^{15}N含量。

动物对氮稳定同位素有明显的分馏作用。脱氨基作用会优先利用^{14}N，故身体能排出^{14}N。而转氨基作用（有合成的作用）优先利用^{15}N，从而富集^{15}N。

2）食性与食物网。

①食性。

利用稳定同位素分析食性有几项工作要做：一是要测定动物某组织中稳定同位素组成；二是知道该组织对稳定同位素的分馏效应；三是测定不同类别食物的稳定同位素组成。

利用碳稳定同位素可以分析动物食植物的种类或者是环境中初级生产者种类是 C_3 植物、C_4 植物，还是 CAM 植物或混合植物。有些情况下可分析是陆源食物还是水源食物。

利用氮稳定同位素可以分析动物食性的以下几个方面：食固氮植物还是非固氮植物；食海洋生物还是陆地生物；属肉食性动物、草食性动物还是杂食性动物；肉食性动物具体倾向食哪些动物。一般动物蛋白中同位素 δ（^{15}N）会在食物的 δ（^{15}N）的基础上加 3‰～4‰。

②食物网。

在一定条件下，可根据稳定同位素数据，尤其是氮稳定同位素确定食物网各生物的位置。

可计算水体中有机碎屑的生物来源是陆地还是海洋等。

可计算每种动物的营养级。其中一种方法是，可用生态系统中常年存在、食性简单的浮游动物或底栖动物作为基线生物，其氮稳定同位素 δ（^{15}N）值作为基线值，并将初级生产者的营养级定为 1，这时一种动物的营养级的计算公式为：

$$\lambda = \frac{\delta(^{15}\mathrm{N})_{动物} - \delta(^{15}\mathrm{N})_{基线}}{\Delta\delta(^{15}\mathrm{N})} + 2$$

其中，λ 为这种动物的营养级，δ（^{15}N）$_{动物}$ 为这种动物的氮稳定同位素 δ（^{15}N）值，δ（^{15}N）$_{基线}$ 为基线动物的氮稳定同位素 δ（^{15}N）值，$\Delta\delta$（^{15}N）为一个营养级的氮稳定同位素富集系数。

（3）生物样品中稳定同位素的测定。

生物样品中稳定同位素一般由同位素比例质谱仪测定。

同位素比例质谱仪的原理是首先将生物样品转化成气体，在离子源中将气体分子离子化（从每个分子中去除一个电子，使 1 个气体分子带一个正电荷），接着离子化气体被打入飞行管中，飞行管处在磁场中。带电粒子在磁场中运动时因洛仑兹力而偏转，偏转程度与粒子的质荷比 m/e 相关，导致不同质量同位素的分离，重同位素偏转半径大，轻同位素偏转半径小。在飞行管的末端有一个法拉第收集器，用以测量经过磁体分离之后，具有特定质量的离子束强度。实际测定中，同位素比例质谱仪分析出的结果是同位素比值，再将样品和标准的同位素比值作对比。

同位素比例质谱仪的结构主要分为进样系统、离子源、质量分析器和检测器，此外还有电气系统和真空系统支持。进样系统是把待测气体导入质谱仪的系统。离子源是待测样品的气体分子发生电离，加速并聚焦成束的地方。针对某种元素，往往可以采用不止一种离子源测定同位素丰度。质量分析器是将具有不同质荷比的离子分开的部分，主体为一扇形磁铁。离子检测器接收来自质量分析器的具有不同质荷比值的离子束，并加以放大和记录。离子检测器由离子接收器和放大测量装置组成。离子通过磁场后，待分析离子束通过特别的狭缝后，重新聚焦落到接收器上并收集起来。接收器一般为法拉第筒。现代质谱仪都有两个或多个接收器以便同时接收不同质量数的离子束，可以得到较高的测量精度。

实验 12.1　根据消化道结构分析鱼类食性

鱼类长期与环境适应进化形成的食性，与消化管形态结构等相适应。可通过消化器官形态去分析鱼类的这种食性。

【实验目的】

1. 了解鱼类食性与消化道结构的关系。
2. 了解几种常见淡水养殖鱼类的消化道结构。

【实验器材】

1. 实验对象

青鱼、草鱼、鲢鱼、鳙鱼、鲤鱼、罗非鱼、鲈鱼等。

2. 仪器设备

天平、显微镜、解剖镜等。

3. 实验材料

水桶、解剖盘、解剖剪、枝剪、手术刀、解剖针、卷尺、放大镜、手术镊子、一次性乳胶手套、长筒乳胶手套、照相机、笔、纸等。

4. 试剂

麻醉剂 MS －222。

【方法与步骤】

实验前要戴好手套。

1. 实验动物麻醉

如果实验时实验动物仍活着就要用 MS －222 进行麻醉，然后再进行下一步的操作。在清水中放入活鱼，放入 MS －222 麻醉剂使其在水中浓度为 5 ~ 40g/m^3，可根据实际情况不断缓慢加药，直到鱼基本不动且用手抓不能逃避为宜。

2. 形态指标观察与测量

用尺测量鱼的体长（即鱼最前端到身体中线最后沿，不包括尾鳍）与全长（即鱼最前端到尾鳍最后端），用天平测量鱼体重。观察鱼口外形，打开鱼口部观察并记录上下颌、舌、口腔各部分是否有齿以及齿的形态。可试把手指伸入咽部摸是否有咽齿。

3. 解剖实验鱼观察消化道

用解剖剪在鱼的肛门前后剪一小切口，再从肛门前小切口沿鱼的一侧开始剪，剪刀要贴紧鱼体内壁小心地向鱼头方向剪，不要损坏内脏。当剪到近鳃的部位有较硬的骨头解剖剪较难剪时，可换枝剪剪断骨头。用手把剪开的体壁稍微掰开，再用解剖剪从肛门前小切口沿腹部剪到鳃部，把剪开的体壁拿开，露出内脏。再剪去与露出的内脏一侧的鳃盖，露出鳃。

用手剥离鳃、咽齿，用肉眼或解剖镜观察鳃耙与咽齿的形态与数目，并记录。对于鲤科鱼类的咽齿，可选用咽齿齿式格式记录，如 1、1、3/3、1、1，是指该鱼左右两侧各有 3 行齿，左侧从左到右第 1、2 行各为 1 枚齿，第三行为 3 枚齿，右侧内行为 3 枚齿，外侧二行各为 1 枚齿。

用手及镊子配合将肠、胃、食道等慢慢拉开，遇到肠系膜等时用手或镊子扯断。消化管拉开后，用镊子将附着的脂肪、系膜及其他内脏等慢慢剥离。鲈鱼胃下部有较多的幽门盲囊，要用镊子分开并剥离附着物。观察食道、胃、肠等形态并用尺测量肠长度，作记录。计算肠长/体长比值。

【结果与分析】

各组以报告形式对以下问题进行分析：

1. 比较实验对象食性与肠长/体长比值的关系。
2. 比较实验对象食性与齿、鳃耙、胃形态结构的关系。

【问题与思考】

鱼类食性与消化管形态结构的关系。

【注意事项】

实验前要戴好手套。

实验 12.2　根据胃肠内容物分析鱼类食性

根据胃肠内容物分析鱼类食性是最直接的野外方法，但这种方法有时空限制和小型生物类食物难鉴定等不足之处，需要有大量样品数的长期观察结果才比较可靠。

【实验目的】

1. 了解鱼类食性与胃肠内容物分析的关系，熟悉几种胃肠内容物分析的指标。

2. 用胃肠内容物分析方法估计几种野外捕捞的鱼类的食性。

【实验器材】

1. 实验对象

野外水体（如河流、湖泊、池塘和河口等）捕捞的鱼类，选至少 2 种鱼类，每种鱼至少有 5 尾。

2. 仪器设备

显微镜、解剖镜、照相机等。

3. 实验材料

水桶、解剖盘、手术剪、枝剪、手术刀、解剖针、卷尺、放大镜、手术镊子、一次性乳胶手套、长筒乳胶手套、95% 医用酒精或福尔马林、注射器、笔、纸等。

4. 试剂

麻醉剂 MS －222。

【方法与步骤】

实验前要戴好手套。

1. 实验动物麻醉

如果实验时实验动物仍活着就要用 MS－222 进行麻醉，然后再进行下一步的操作。在清水中放入活鱼，放入 MS－222 麻醉剂使其在水中的浓度为 5～40g/m^3，可根据实际情况不断缓慢加药，直到鱼基本不动且用手抓不能逃避为宜。

2. 实验鱼类背景资料记录

记录采集鱼类的地点、时间、采集工具，保存及运输情况；鱼名、体长、体重、全长、性别等。

3. 根据消化道结构初步判断食性

在备选进行胃肠内容物分析的鱼类中每种解剖至少一尾鱼，根据齿、鳃耙、胃、消化道长度/体长比值等估计鱼的食性。

4. 进行胃肠内容物分析

用解剖剪在鱼的肛门前后剪一小切口，再从肛门前小切口沿鱼的一侧开始剪，剪刀要贴紧鱼体内壁小心地向鱼头方向剪，不要损坏内脏。当剪到近鳃的部位有较硬的骨头解剖剪较难剪时，可换枝剪剪断骨头。用手把剪开的体壁稍微掰开，再用解剖剪从肛门前小切口沿腹部剪到鳃部，把剪开的体壁拿出，露出内脏。用手及镊子配合将肠、胃、食道等慢慢拉开，遇到肠系膜等时用手或镊子扯断。消化管被拉开后，用镊子将附着的脂肪、系膜、其他内脏等慢慢剥离。

把消化管用剪刀剪开或用解剖针挑开，分断取出消化管内容物分析。对于食物中的大型动植物可通过肉眼或解剖镜观察进行鉴定并称重。对于食物中的浮游生物等微小生物，可称重后加清水，再用吸管吸出，滴在载玻片上，在显微镜或解剖镜下观察。对于已消化的食物，根据残留物形态进行判别。要根据需要及能力鉴定到种或大类，切忌随意根据不足证据就鉴定到种。如有样品需要保存，可注射 95% 医用酒精或福尔马林，也可放入到 95% 医用酒精或福尔马林中。

对观察到的数据归入一些分析指标中进行计算和记录，这些指标可以是食物充塞度、摄食率、食物出现频率、食物百分比。上述 4 种指标的测定方式为：

（1）食物充塞度是用目测法估计鱼类消化道含有食物的程度，可分为0级（消化道没有食物或极少量食物）、1级（25%消化道有食物）、2级（50%消化道有食物）、3级（75%消化道有食物）、4级（100%消化道有食物，但消化道不膨胀）、5级（100%消化道有食物，且消化道膨胀）。

（2）摄食率＝食物充塞度为1～5级的消化道数/总共分析的消化道数。

（3）某种食物出现频率＝含有该种食物的消化道数/总共分析的消化道数。

（4）某种食物百分比＝一条消化道中该种食物的量/一条消化道中所有食物的量。建议用称重法估算成相应重量，并用若干尾鱼（若干条消化道）的平均数及标准偏差表示。

【结果与分析】

各组以报告形式对以下问题进行分析：

1. 比较不同实验对象的食物充塞度、摄食率、食物出现频率、食物百分比等。

2. 根据食物出现频率、食物百分比判断实验对象的食性。

【问题与思考】

比较根据消化管形态结构判断鱼类食性与根据消化管内容物判断鱼类食性的异同。

【注意事项】

实验前要戴好手套。

实验12.3　利用稳定性同位素分析鱼类食性

鱼类食性可利用稳定性同位素技术进行分析，因为同位素效应（如同位素分馏）可发生在与鱼类食性相关的生物过程中。

在一定条件下，可根据稳定同位素数据，尤其是氮稳定同位素确定与鱼类相关的食物网各生物的位置。可计算水中的有机碎屑生物来源是陆地还是海洋等，并可计算每种动物的营养级。

【实验目的】

1. 了解利用稳定同位素分析鱼类食性的方法，熟悉稳定同位素分析生物样品的过程。

2. 比较几种鱼类食性分析方法。

【实验器材】

1. 实验对象

野外水体（如海上、河流、湖泊、人工湖等）捕捞的鱼，同时采集相同采样点的其他游泳动物、沉积物、水生昆虫、浮游生物、水生高等植物等。

2. 仪器设备

冷冻干燥机、烘箱、同位素分析仪等。

3. 实验材料

水桶、解剖盘、手术剪、枝剪、手术刀、解剖针、卷尺、手术镊子、塑料袋、一次性乳胶手套、长筒乳胶手套、纯水、玻璃培养皿、石英研钵等。

【方法与步骤】

实验前要戴好手套。

1. 处死实验动物

如果实验时实验动物仍活着就要把鱼放进塑料袋再急冻致其死亡。

2. 实验鱼类背景资料记录

记录采集鱼类的地点、时间、采集工具，保存及运输情况；鱼名、体长、体重、全长、性别。

3. 根据消化道结构、胃肠内容物分析初步判断其食性

在备选进行稳定同位素分析食性的鱼中每种至少解剖一尾鱼，根据齿、鳃耙、胃、消化道长度/体长比值等估计鱼的食性；并进行胃肠内容物分析，根据食物出现频率、食物百分比等进一步估计食性。

4. 利用稳定同位素分析鱼类食性

分析采集到的鱼类、其他游泳动物、沉积物、水生昆虫、浮游生物、水生高等植物的碳、氮同位素。鱼类测定的部分为背部肌肉，其他生物或沉积物为全样。

进行样品稳定同位素分析要根据具体使用的稳定同位素分析仪的分析要求进行操作。大概的分析步骤是：取样品→冻干或烘干→研磨干燥样品→称取适量样品放入锡囊→仪器灼烧锡囊→燃烧产物经载气运输→净化与脱水（如氧化铬、活性铜、氯酸镁等）→过气相色谱柱→过质谱仪→得到同位素比值→计算 δ 值→分析食性等指标。当样品放入仪器后，一般通过操作软件完成测定。记录相关结果。

按以下方法计算出鱼类食性及在食物网中的营养级。用生态系统中常年存在、食性简单的浮游动物或底栖动物作为基线生物，其氮稳定同位素 δ（^{15}N）值作为基线值，并将初级生产者的营养级定为1，这时一种动物的营养级的计算公式为：

$$\lambda = \frac{\delta(^{15}N)_{动物} - \delta(^{15}N)_{基线}}{\Delta\delta(^{15}N)} + 2$$

其中，λ 为这种动物的营养级，δ（^{15}N）$_{动物}$为这种动物的氮稳定同位素 δ（^{15}N）值，δ（^{15}N）$_{基线}$为基线动物的氮稳定同位素 δ（^{15}N）值，$\Delta\delta$（^{15}N）为一个营养级的氮稳定同位素富集系数，可取0.25%。

【结果与分析】

各组以报告形式对以下问题进行分析：

1. 比较不同的鱼类实验对象及其他采集到的生物的氮稳定同位素 δ（^{15}N）值。

2. 根据氮稳定同位素 δ（^{15}N）值分析生物的营养级，比较不同的鱼类实验对象及其他采集到的生物的营养级。

【问题与思考】

1. 根据消化管形态结构判断鱼类食性、根据消化管内容物判断鱼类食性、根据稳定性同位素判断鱼类食性，比较其异同。

2. 比较根据消化管内容物判断鱼类营养级与根据稳定性同位素判断鱼类营养级的异同。

【注意事项】

实验前要戴好手套。

（许忠能）

实验 13　下行效应对浮游植物现存量的调控

水域生态系统通常具 3～4 个营养级。其中，浮游植物为初级生产者；浮游动物为初级消费者；食浮游动物鱼类为次级消费者；肉食性鱼类为第三级消费者。食物链中各个营养级的变化主要受“上行效应”（bottom－up）和“下行效应”（top－down）这两个机制的调控。“上行效应”是指营养盐、光照和温度等非生物因素影响浮游植物的初级生产率，然后沿着食物链逐级往上传递影响其他营养级的生物；“下行效应”则是位于食物链最上端鱼类的捕食调控沿着食物链逐级往下传递影响各营养级生物（见图 13.1），而级联效应是指位于食物链最顶端鱼类的捕食影响通过食物链逐级向下传递，最终影响到浮游植物的生长。

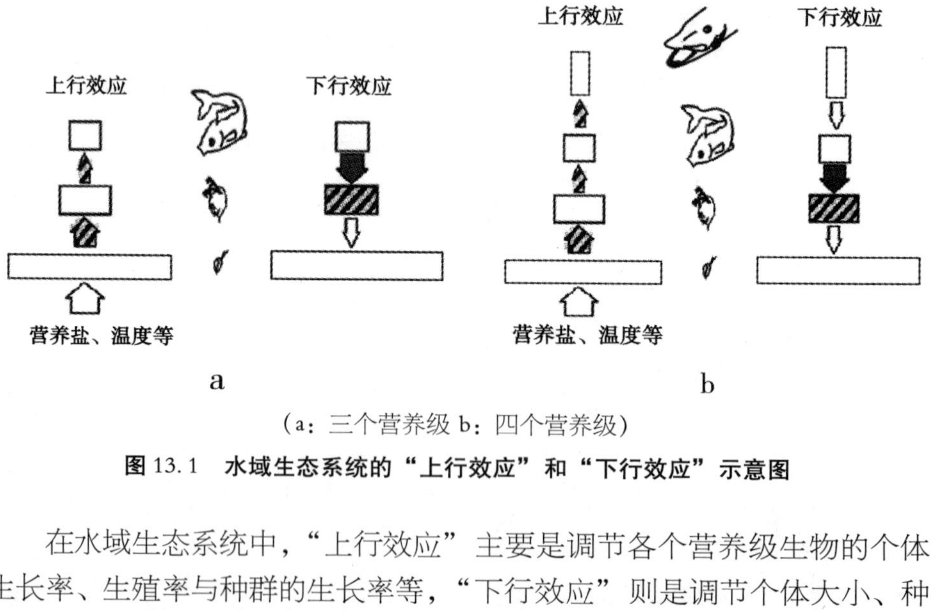

（a：三个营养级 b：四个营养级）

图 13.1　水域生态系统的“上行效应”和“下行效应”示意图

在水域生态系统中，“上行效应”主要是调节各个营养级生物的个体生长率、生殖率与种群的生长率等，“下行效应”则是调节个体大小、种群密度等。也就是说，“上行效应”调节初级生产者浮游植物的初级生产率，“下行效应”的强度则决定了单位营养盐（如磷）承载的浮游植物现存量。

初级消费者——浮游动物对浮游植物的牧食压力主要取决于浮游动物的群落结构特征。不同大小的浮游动物对浮游植物的牧食效率是不同的。一般来讲，个体越大，浮游动物对浮游植物的牧食效率越高。但是，浮游动物群落结构受食浮游生物的鱼类调控。依靠视觉进行捕食的鱼类，一般喜好选择大个体种类，导致浮游动物群落结构小型化，浮游动物对浮游植物的牧食压力降低，单位磷可以承载更多的浮游植物。

【实验目的】

1. 了解水域生态系统中食物链的级联效应及如何利用级联效应改善水体水质。
2. 了解鱼类的选择性捕食。
3. 了解浮游动物个体大小与牧食效率的关系。
4. 培养学生运用所学生态系统理论分析和解决问题的能力。

【实验器材】

1. 实验用水

富营养化水体的表层水、曝气自来水。

2. 实验对象

拟同形溞（*Daphnia similoides*）、角突网纹溞（*Ceriodaphnia cornuta*）、微型裸腹溞（*Moina micura*）、萼花臂尾轮虫（*Brachionus calyciflorus*）、食蚊鱼（*Gambusia affinis*）等。

3. 仪器设备

光照培养箱、解剖镜、分光光度计、离心机、冰箱、抽滤泵等。

4. 实验材料

250mL 的锥形瓶、100mL 的烧杯、滴管、提取叶绿素 a 的相关实验材料（抽滤瓶、90% 丙酮、0. 45μm 的醋酸纤维滤膜等）。

【方法与步骤】

1. 鱼类的选择性捕食

（1）实验设计。

实验容器：100mL 的烧杯

实验用水：曝气自来水

①低密度组：1 条食蚊鱼 +1 只拟同形溞 +1 只角突网纹溞 +1 只微型裸腹溞 +1 只萼花臂尾轮虫/50mL。

②中密度组：1 条食蚊鱼 +10 只拟同形溞 +10 只角突网纹溞 +10 只微型裸腹溞 +10 只萼花臂尾轮虫/50mL。

③高密度组：1 条食蚊鱼 +100 只拟同形溞 +100 只角突网纹溞 +100 只微型裸腹溞 +100 只萼花臂尾轮虫/50mL。

每个处理组设三个平行样；实验进行 10 分钟后，先将食蚊鱼取出，在解剖镜下计数尚未被摄食的各浮游动物数量。

（2）数据处理。

采用以下公式计算食蚊鱼在不同浮游动物密度下对各种类的选择性捕食系数：

$$D_i = (r_i - p_i)/[(r_i + p_i) - 2r_ip_i]$$

其中，D_i为 i 种的选择系数；r_i为 i 种在鱼肠道中所占的比例；p_i为 i 种在水中所占的比例。

$-1 \leqslant D \leqslant 1$，$D=0$，表示没有选择性；$-1 \leqslant D < 0$ 表示负选择，即很少捕食；$0 < D \leqslant 1$ 表示有选择性捕食。

2. 食蚊鱼的下行效应

（1）实验设计。

实验容器：250mL 的锥形瓶

实验用水：富营养水体表层水

①对照组：200mL 水。

②拟同形溞处理组：200mL 水 +10 只拟同形溞。

③角突网纹溞处理组：200mL 水 +10 只网纹溞。

④拟同形溞 + 鱼处理组：200mL 水 +10 只拟同形溞 +1 条食蚊鱼。

⑤角突网纹溞 + 鱼处理组：200mL 水 +10 只角突网纹溞 +1 条食蚊鱼。

（2）平行样：每个处理设置 3 个平行样。

（3）其他条件：光照：2 500μmol/m^2/s ~ 4 000μmol/m^2/s；温度：25℃；光暗比：12L∶12D。

（4）测定指标：实验前与实验一周后测定水样中叶绿素 a 的浓度。

（5）数据处理：采用双因素方差分析法，比较处理组叶绿素 a 的浓度是否存在显著差异。

【结果与分析】

各组以报告形式对下述几个问题进行分析：

1. 食蚊鱼是否对浮游动物的大小有选择性，在何种条件下才具有选择性？

2. 比较不同浮游动物的牧食效率以及是否存在级联效应？

【问题与思考】

如何利用级联效应改善水体水质？

（林秋奇）

实验 14　水体中氮、磷与氮磷比对浮游植物生长的影响

“最小因子定律”是由 19 世纪德国农业化学家 Liebig 首次提出的，他是研究各种营养盐因子对植物生长影响的先驱。1840 年，他首次提出了“植物的生长取决于那些处于最少量状态的营养元素”。低于某种生物需要的最少量的任何特定因子，是决定该种生物生存和分布的根本因素。因此，后人便将这一定律称为“Liebig 最小因子定律”。

藻类的生长与水体中营养盐的种类与含量关系密切，其在水体中的生长同样遵循“最小因子定律”。一般认为，限制藻类生长的营养元素主要是氮和磷。因此，水体中氮、磷营养盐的浓度变化及氮磷比变化会直接影响藻类的生长。该方法主要根据藻类增长潜力（即营养盐浓度变化对浮游植物生长的影响）进行实验设计，是介绍水体富营养化特征的重要内容。

【实验目的】

1. 了解藻类生长与水体中氮、磷营养盐的关系。
2. 进一步理解 Liebig 的“最小因子定律”。

【实验器材】

1. 实验藻种

不同营养水平水体（寡营养、中营养、富营养）的自然藻类（经孔径≤100μm 的浮游生物网滤除掉大型浮游动物）。

2. 实验用水

曝气蒸馏水、自然水体的水（需先滤除掉大型浮游动物）。

3. 仪器设备

光照培养箱、超净工作台、显微镜、冰箱、离心机、抽滤泵等。

4. 实验材料

三角瓶（250mL）、100mg/L 的 NO_3-N 母液、10mg/L 的 PO_4-P 母

液、浮游植物计数框、提取叶绿素 a 的相关设备（孔径为 0.45μm 的醋酸纤维滤膜、90% 的丙酮、蒸馏水、离心管等）等。

【方法与步骤】

1. 选择富、中、寡营养水体各一处，用孔径≤100μm 的浮游生物网过滤不同水体的自然水，以获取自然状态下的浮游植物等。将学生分成若干个实验小组，每组水源及实验藻种均不同。

2. 组织学生自行配置 N、P 营养母液（100mg/L 的 NO_3^- 母液、10mg/L 的 PO_4^{3-} 母液）。

3. 各实验组可以分工，分别通过向固定体积中的浮游植物添加不同量的母液以形成不同的 N、P 营养盐水平，如向 100mL 的水体中分别添加 0.5mL、1.0mL、2.0mL 等不同量的 N、P 营养母液。每个梯度及空白对照组均设置不低于 3 个的平行样。参照表 14.1 进行实验处理。

表 14.1　不同营养盐水体添加 N、P 营养母液

组别	本底	添加营养母液
寡营养水体	100mL 水	对照
	100mL 水	0.5mL N 母液
	100mL 水	1.0mL N 母液
	100mL 水	2.0mL N 母液
	100mL 水	0.5mL P 母液
	100mL 水	1.0mL P 母液
	100mL 水	2.0mL P 母液
中营养水体	100mL 水	对照
	100mL 水	0.5mL N 母液
	100mL 水	1.0mL N 母液
	100mL 水	2.0mL N 母液
	100mL 水	0.5mL P 母液
	100mL 水	1.0mL P 母液
	100mL 水	2.0mL P 母液

(续上表)

组别	本底	添加营养母液
富营养水体	100mL 水	对照
	100mL 水	0. 5mL N 母液
	100mL 水	1. 0mL N 母液
	100mL 水	2. 0mL N 母液
	100mL 水	0. 5mL P 母液
	100mL 水	1. 0mL P 母液
	100mL 水	2. 0mL P 母液

4. 将处理好的培养瓶置于光照培养箱内进行培养，参数设置为2 500 ~ 4 000μmol/m^2/s 光强、25℃、光暗比为 12L:12D。实验周期为1 ~2周。

5. 培养周期结束后，测定每个处理组的叶绿素 a 的浓度，并以此近似表示藻类的消长。

【结果与分析】

对实验结果进行方差分析，比较不同 N、P 营养水平对浮游植物生长的影响。

【问题与思考】

1. 相同浓度的营养盐添加后对经不同水体获取的自然藻类的生长影响是否相同？如果不同，原因在哪里？

2. 设计改变其他元素如 C、K 等以及相应的培养条件，观察外界环境改变对浮游植物生长的影响。

【注意事项】

1. 藻类培养过程中，每隔 2 ~3 天要进行摇瓶，以免藻类沉在瓶底。

2. 实验开始前，需要测定不同水体的本底叶绿素 a 的浓度。

（赵建刚，林秋奇）

附　录

附录1　水体中叶绿素a的测定（冻融法）

参考冻融法测定水体中藻类叶绿素a的浓度，并以此近似表示藻类的生物量。冻融法的原理：利用反复多次冰冻条件（−20℃）和室温条件下的融解，藻细胞内冰粒的形成和细胞液浓度的增高引起溶胀，使细胞结构破碎而引起叶绿素溶出。

简单步骤：

（1）抽滤水样：用0.45μm的醋酸纤维滤膜抽滤一定体积的水样（抽滤体积视水体富营养化程度而定，通常情况下抽滤100mL即可），抽滤完成后将滤膜对折，装进黑色塑料袋。

（2）反复冻融：将滤膜置于−20℃冰箱和室温下反复冻融3次，再放入盛有10mL丙酮溶液（90%）的离心管中振荡1分钟，然后置于4℃的冰箱浸提20小时。

（3）离心：取出离心管，用离心机（4 000转/分钟）进行离心，离心时间为15分钟。

（4）测定吸光值：取出上清液于630、645、663、750nm的波长下测定吸光值。

最后根据下列公式计算叶绿素a的浓度：

$$Chla = [11.64 \times (A_{663} - A_{750}) - 2.16 \times (A_{645} - A_{750})) + 0.1 \times (A_{630} - A_{750})] \times 10/V$$

浓度单位：mg/m^3（μg/L）。

A_{630}、A_{645}、A_{663}、A_{750}分别表示在630、645、663、750nm波长下测得的吸光值；V表示体积，单位为升（L）。

冻融法测定叶绿素a浓度的注意事项：

（1）由于反复冻融−浸提法是利用细胞内冰粒的形成和细胞液浓度的增高引起溶胀来达到破碎细胞的目的，因此抽滤后的滤膜应保留少许水分；对折滤膜时应将含有叶绿素的部分向内，对折时注意避光。

（2）滤膜的冰冻和融解的时间不需太长，一次冰冻和融解的时间比例大概为 20 分钟/5 分钟，待滤膜变软即可；在反复冻融和浸提中需严格避光，防止叶绿素的光降解。

（3）样品放入离心机之前要用天平进行称重，使用空白离心管平衡，防止损坏离心机。此外，放入离心机中的样品要对称放置。

（4）在使用分光光度计进行测定时，样品最好置于黑暗环境中以减少叶绿素的光降解，测定完后立即清洗比色皿。

附录2　部分溶液的配方

1. 鲁歌氏液（碘液）：将6g碘化钾溶于20mL水中，待其完全溶解后，加入4g碘充分摇动，待碘全部溶解后定容到100mL即配成鲁歌氏液。

2. 福尔马林：35%～40%的甲醛水溶液。外观无色透明，具有较强的腐蚀性。

3. 小球藻培养液的配置（BG－Ⅱ培养液，pH =7.1）

纯水	1 000mL
$NaNO_3$	1.5g
K_2HPO_4	0.04g
$MgSO_4 \cdot 7H_2O$	0.075g
$CaCl_2 \cdot 2H_2O$	0.036g
Citric acid	0.006g
Ferric ammonium citrate	0.006g
EDTA	0.001g
Na_2CO_3	0.02g
微量元素混合液	1mL
微量元素混合液配方	
H_3BO_3	2.86g/L
$MnCl_2 \cdot 4H_2O$	1.81g/L
$ZnSO_4 \cdot 7H_2O$	0.222g/L
$Na_2MoO_4 \cdot 2H_2O$	0.39g/L
$CuSO_4 \cdot 5H_2O$	0.079g/L
Co（NO_3）$\cdot 26H_2O$	0.0494g/L

附录3　生态学实验室部分规章制度

一、生态学实验室工作人员职责

1. 贯彻执行党的教育方针，努力提高思想、业务水平，积极为教学、科研工作服务。

2. 做好有关教学、科研实验的准备工作，课前、课后要检查实验设备是否齐全、完好，发现问题要及时处理，保证教学工作的顺利进行。要掌握一般的实验理论知识，熟悉实验操作方法，提高实验技能，有条件的要协助教师参加学生实验的辅导工作。

3. 在实验中心主任的指导下，做好本实验室教学、科研物资的申请采购计划。

4. 做好本实验室的仪器设备管理工作。新到仪器设备要按技术指标进行验收，并统一编号，贴上校牌。熟悉本实验室有关仪器设备、材料、药品的性能，本着勤俭节约的精神管好、用好物资，做到固定资产、低值易耗物资要账、卡、物三相符；进口药品、毒品的管理进出要手续清楚；一般性材料的学期消耗定额要心中有数。

5. 做好本实验室仪器、设备的保管、保养、维修工作，其中5万元以上的精密仪器要严格按照设备的技术要求进行管理；常规设备发现故障要及时维修，保持设备的完好率。

6. 严格执行实验室有关规章制度，对违反规章制度者有权监督，并提出批评意见，或向有关领导反映。

7. 坚守工作岗位，遵守纪律，保障安全，经常保持室内整洁，离室前一定要检查水、电、气、柜、门、窗等是否关闭，防止事故隐患，发现事故要及时汇报。

二、生态学实验任课教师守则

1. 按照教学大纲要求，开展教学研究，不断改革设计实验方法，使本实验室的实验教学水平不断提高。

2. 作为实验主讲教师，要认真备课，做好课前准备和课上答疑工作。

实验完毕应认真检查数据、签字，并登记学生姓名。

3. 学生首次进入实验室，导师应介绍室内各项设施，进行安全教育。

4. 新开实验需预做实验，首次指导实验的导师需参加全部预做实验意见。

5. 按操作要求严格要求学生，学生损坏仪器，视情况酌情赔偿。

6. 对实验中发现的问题，应及时向实验室主管教师提出建议和改进意见。

7. 指导教师负责检查督促值日生的卫生工作，认为各项工作已做好，方可离开实验室。

8. 指导教师对实验内容如有更改，需及时通知有关实验员并指导工作。

9. 指导教师如发现室内某设备仪器损坏丢失，应及时通知有关人员或实验管理人员，以便及时处理，确保实验顺利进行。

10. 课后应认真批改实验报告，及时将报告返送学生。

11. 期末结束后，指导教师应与实验员一起对实验课进行总结、评估，注意总结经验，并将其写成文字，力求实验更完善，提高实验教学质量。

12. 学期结束前及时将实验考核表送交实验室技术人员归档。

三、生态学实验学生实验守则

1. 每次实验前教师应对学生进行安全教育。

2. 进入实验室，要了解实验室的各项规章制度。

3. 实验时，要着实验服。

4. 实验进程中要按照实验操作步骤进行。

5. 欲增加或改变实验内容，需事先征得教师同意。

6. 非本次实验所用的仪器、设备，未经教师允许不得动用。

7. 损坏了仪器、设备必须立即向实验室老师报告，并做出书面检查。责任事故要酌情赔偿。

8. 保持实验室整洁、安静，不乱丢实验废弃物等。

9. 实验结束后，要拉下电闸，并将有关实验用品整理好。

（赵建刚）

主要参考文献

1. 陈宇炜，高锡云. 浮游植物叶绿素 a 含量测定方法的比较测定. 湖泊科学，2000，12（2）：185～188.

2. 段学花，王兆印，徐梦珍. 底栖动物与河流生态评价. 北京：清华大学出版社，2010.

3. 郭旭鹏，李忠义，金显仕，戴芳群. 采用碳氮稳定同位素技术对黄海中南部鳀鱼食性的研究. 海洋学报，2007，29（2）：98～104.

4. 姜志强，吴立新. 鱼类学实验. 北京：中国农业出版社，2004.

5. [加拿大] 卡尔夫. 湖沼学——内陆水生态系统. 古滨河，刘正文，李宽意等译. 北京：高等教育出版社，2012.

6. 李秋华，韩博平. 基于 CCA 的典型调水水库浮游植物群落动态特征分析. 生态学报，2007，27（6）：2355～2364.

7. 林少君，贺立静，黄沛生，韩博平. 浮游植物中叶绿素 a 提取方法的比较与分析. 生态科学，2005，24（1）：9～11.

8. 刘恩生，刘正文，鲍传和. 太湖鲫鱼数量变化的规律及与环境间关系的分析. 湖泊科学，2007，19（3）：345～350.

9. 刘正文，张修峰，陈光荣. 污染水体的修复技术之污染湖泊、池塘的修复技术. 见：骆世明主编. 农村环境整治与生态修复. 北京：中国农业科学技术出版社，2007. 196～231.

10. 娄安如，牛翠娟. 基础生态学实验指导. 北京：高等教育出版社，2005.

11. 马琳. 鱼类学实验. 青岛：中国海洋大学出版社，2010.

12. 宁加佳，刘辉，古滨河，刘正文. 流溪河水库颗粒有机物及浮游动物碳、氮稳定同位素特征. 生态学报，2012，32（5）：1502～1509.

13. [瑞典] 布朗 · 马克，汉森. 湖泊与池塘生物学（第二版）. 韩博平，吴庆龙，林秋奇等译. 北京：高等教育出版社，2013.

14. 孙儒泳，李庆芬，牛翠娟，娄安如. 基础生态学. 北京：高等教育出版社，2002.

15. 王伯荪，李鸣光，彭少麟. 植物种群学. 广州：广东教育出版社，1995.

16. 王晓辉，望甜，林秋奇，韩博平. 南亚热带富营养化抽水型水库轮虫的组成与动态. 湖泊科学，2009，21（1）：101～109.

17. 许海，秦伯强，朱广伟. 太湖不同湖区夏季蓝藻生长的营养盐限制研究. 中国环境科学，2012，32（12）：2230～2236.

18. 颜云榕，张武科，卢伙胜，王学锋，赖金养. 应用碳、氮稳定同位素研究北部湾带鱼（*Trichiurus lepturus*）食性及营养级. 海洋与湖沼，2012，43（1）：192～200.

19. 杨持. 生态学实验与实习. 北京：高等教育出版社，2003.

20. 杨杰东，徐士进. 同位素与全球环境变化. 北京：地质出版社，2007.

21. 叶富良，张健东. 鱼类生态学. 广州：广东高等教育出版社，2002.

22. 章家恩. 普通生态学实验指导. 北京：中国环境科学出版社，2012.

23. 赵孟绪，雷腊梅，韩博平. 亚热带水库浮游植物群落季节变化及其影响因素分析——以汤溪水库为例. 热带亚热带植物学报，2005，13（5）：386～392.

24. 郑永飞，陈江峰. 稳定同位素地球化学. 北京：科学出版社，2000.

25. Brett M T & Goldman C R. Consumer versus resource control in freshwater pelagic food webs. *Science*, 1997, 75: 384 －386.

26. Brooks L & Dodson I. Predation, body size and composition of the plankton. *Science*, 1965, 50: 28 －35.

27. Carpenter S R & Lodge D M. Effects of submersed macrophytes on ecosystem processes. *Aquatic Botany*, 1986, 26: 341 －370.

28. Clifford H T & Stephenson W. *An Introduction to Numerical Classification*. London: Academic Press, 1975.

29. Han B P & Liu Z W. *Tropical and Sub－Tropical Reservoir Limnology in China: Theory and Practice*. Springer, Dordrecht, 2012.

30. Hansson L A, Annadotter H, Bergman E, Hamrin S F, Jeppesen E, Kairesalo T, Luokkanen E, Nilsson P A, Sondergaard M, Strand J. Biomanipulation as an application of food－chain theory: constraints, synthesis, and recommendations for temperate lakes. *Ecosystems*, 1998, 1: 558 －574.

31. Kluijver A, Yu J L, Houtekamer M, Middelburg J J, Liu Z W. Cyanobacteria as a carbon source for zooplankton in eutrophic Lake Taihu, China, measured by ^{13}C labeling and fatty acid biomarkers. *Limnology and Oceanography*, 2012, 57: 1245 -1254.

32. Lin Q Q, Duan S S, Hu R, Han B P. Zooplankton distribution in tropical reservoirs, South China. *International Review of Hydrobiology*, 2003, 88: 602 -613.

33. Lin Q Q, Zhao P P, Wu Q T, Wei Z H, Li H M, Han B P. Predation pressure induced by seasonal fishing moratorium changes the dynamics of subtropical Cladocera populations. *Hydrobiologia*, 2013, 710: 73 -81.

34. Mackie G L. *Applied Aquatic Ecosystem Concepts*. Second edition, Kendall Hunt Publishing, 2008.

35. Magurran A E. *Measuring Biological Diversity*. Wiley - Blackwell Oxford, 2004.

36. Mandaville S M. *Benthic Macroinvertebrates in Freshwaters - taxa Tolerance Values, Metrics, and Protocols*. Canada: Soil & Water Conservation Society of Metro Halifax, 2002.

37. May R M. Patterns of species abundance and diversity. In: Cody M L & Diamond J M. *Ecology and Evolution of Communities*. Harvard University Press, Cambridge MA: 1975, 81 -120.

38. Qiu D R, Wu Z B, Liu B Y, Deng J Q, Fu G P, He F. The restoration of aquatic macrophytes for improving water quality in a hypertrophic shallow Lake in Hubei Province China. *Ecological Engineering*, 2001, 18: 147 -156.

39. Reddy K R & De Busk T A. State - of - the - art utilization of aquatic plants in water pollution control. *Water Science and Technology*, 1987, 19:61 -79.

40. Yu J L, Li Y M, Liu X L, Li K Y, Chen F Z, Gulati R, Liu Z W. The fate of cyanobacterial detritus in the food web of Lake Taihu: a mesocosm study using ^{13}C and ^{15}N labeling. *Hydrobiologia*, 2013, 710: 39 -46.

41. Zhang X F & Liu Z W. Interspecific competition effects on phosphorus accumulation by *Hydrilla verticillata* and *Vallisneria natans*. *Journal of Environmental Sciences*, 2011, 23: 1274 -1278.

42. Zhao S Y, Sun Y P, Lin Q Q, Han B P. Effects of silver carp (Hypophthalmichthys molitrix) and nutrients on the plankton community of a deep, tropical reservoir: an enclosure experiment. *Freshwater Biology*, 2013, 58: 100 -113.

后　记

社会经济快速发展，人类活动加剧，生态环境质量退化。与此同时，人们的生活水平不断提高，对生态环境的要求也不断提高，开展生态保护与管理的社会需求日益增强，也提高了社会对生态学人才培养质量的要求。理论联系实际，通过实践认识和掌握理论，是生态学人才培养过程中不可或缺的重要环节。

目前我国高等院校本科教学中专门开设水域生态学实验教学的并不多，暨南大学生态学系以“水生态”为特色，已有10年开展水域生态学实验教学的经验。在教学实践中，我们迫切感受到一本能体现学科特色和发展，将生态学理论与概念转化为教学案例的实验教材的重要性。为此，我们编写了这本《水域生态学实验指导》。

本实验指导根据普通生态学科的共性技术和技能要求设计实验内容，结合并突出了水域生态学特色，将个体生态学、种群生态学、群落生态学、生态系统生态学等不同层次的共性实验内容进行整合。在实验材料的选择上，以水生生物为主要材料，但部分实验如群落调查等考虑到学生对水生生物有限的熟悉程度等仍选择了高等植物为实验对象。

本书由暨南大学生态学系从事生态学实验教学的教师共同完成，其中：肖林博士编写实验1、4、8，参与编写实验2；赵建刚博士编写实验3、5、6、7，参与编写实验2、10、14；乔永民博士编写实验9；张修峰副研究员编写实验10；唐红渠博士编写实验11，参与编写实验2；许忠能副教授编写实验12；林秋奇副研究员编写实验13，参与编写实验2与实验14。赵建刚、肖林和许忠能负责统稿和校核。

本书的出版得到了广东省生态学特色专业建设项目和“211工程”水生生物学国家重点学科建设项目人才培养专题经费的资助。感谢韩博平教授、李爱芬教授在实验设计上给予的指导，并在写作过程中给予协调和支持。感谢苏虹老师、郭佳老师、胡韧博士、钟萍博士、叶长鹏副研究员以及生态学系2008级本科生、2009级本科生、2010级本科生对本书教学内容的实践。由于我们对生态学理论理解的局限性，书中一定还存在纰漏甚至错误，敬请读者批评指正并以邮件方式告知（赵建刚：zhjg@jnu. edu. cn，肖林：spray_80@foxmail. com，许忠能：txuzn@jnu. edu. cn），我们将在教学使用过程中不断改进。

编者

2013 年 4 月 20 日